空管教育概论

杨新湦 周 建 刘 昕 吴明功 编

西北工业大学出版社
西安

【内容简介】 本书根据高等教育基本理论、基本规律和创新发展方向,全面系统地阐述了空管教育的内涵和外延,总结了空管教育的历史经验,分析了空管教育的主要特点和基本规律,研究了空管教育的目标任务、内容方法和实施环节等重大问题,提出了具有鲜明时代特征的改革发展理念和对策举措,初步构建了我国空管教育理论体系。

本书可作为高等院校空管专业基础课程教材,也可供从事空管行业的工作人员及有关科研人员参考阅读。

图书在版编目(CIP)数据

空管教育概论 / 杨新湦等编. — 西安 :西北工业大学出版社,2021.12

ISBN 978 - 7 - 5612 - 8064 - 5

Ⅰ.①空… Ⅱ.①杨… Ⅲ.①空中交通管制 Ⅳ.①V355.1

中国版本图书馆 CIP 数据核字(2021)第 259726 号

KONGGUAN JIAOYU GAILUN

空 管 教 育 概 论

责任编辑:张 潼		策划编辑:卞 浩	
责任校对:李文乾		装帧设计:李 飞	
出版发行:西北工业大学出版社			
通信地址:西安市友谊西路 127 号		邮编:710072	
电 话:(029)88491757,88493844			
网 址:www.nwpup.com			
印 刷 者:西安浩轩印务有限公司			
开 本:787 mm×1 092 mm		1/16	
印 张:7.375			
字 数:194 千字			
版 次:2021 年 12 月第 1 版		2021 年 12 月第 1 次印刷	
定 价:36.00 元			

如有印装问题请与出版社联系调换

本书编委会

主　　任：杨新湦

副主任：周　建　　刘　昕　　吴明功　　黄志平

编　　委：王金峰　　熊吉本　　凡丽明　　秦绪林　　梁志星

　　　　　徐维加　　孙松波　　崔浩林　　冯兴杰　　潘志毅

　　　　　徐德津　　刘　博　　丁松滨　　罗　军　　朱向东

　　　　　张　尧　　要天林　　张齐乐　　高　原　　史洪亮

前　言

百年大计，教育为本。空管教育是提高空管系统效能的根本途径，是解决好结构性矛盾和体制性障碍的现实抓手，是做好军事斗争准备的关键环节，是军民航空管人在和平时期的基本实践活动和中心工作，在航空航天事业和国防军队建设中居于战略地位。谁掌握先进的教育理论、灵活的教育方法、科学的教育手段、高效的教育机制，谁的教育质量就高、空管效能就强，就易在空管全球化的进程中赢得主动权、在空天战场中夺得控制权。

国务院、中央军事委员会空中交通管制委员会（以下简称"国家空管委"）历来高度重视空管人才培养，始终把空管教育摆在优先发展的战略位置。近年来，在国家空管委的正确领导下，空管教育者以新时代中国特色社会主义理论为指导，以航空发展和军队建设人才需求为牵引，以整合教育资源、强化院校建设为重点，大力推进空管教育创新发展；新型军民航空管院校体系日趋完善，各教育训练机构的办学理念逐步更新，教育改革持续深化，办学特色更加鲜明，办学条件明显改善，科研创新与服务一线能力不断增强，人才培养质量和办学成效显著提高，空管教育全面建设取得了长足的进步，培养了大批高素质空管人才，为航空发展和军队建设做出了重要贡献。当前，我国空管系统建设发展步入新时代，正处于任务规划调整期、体制改革深化期和创新发展攻坚期，国内外形势继续发生深刻复杂变化，经济社会发展和国防军队建设任务艰巨繁重，对空管教育提出了新的更高要求；加大投入，深化改革，在新的起点上推进空管教育科学发展成为时代赋予我们的一项重大而紧迫的战略任务。因此，集中军民航空管系统力量，凝聚群众智慧，建立具有科学性、权威性的空管教育理论体系，就愈加重要，愈显紧迫。

本书运用历史唯物主义和辩证唯物主义的观点和方法，系统梳理、潜心研究、大胆创新，比较全面系统地阐述了空管教育的内涵与外延，总结了空管教育的历史经验，分析了空管教育的主要特点和基本规律，研究了空管教育的目标任务、内容方法和实施环节等重大问题，提出了具有鲜明时代特征的改革发展理念和应对举措，初步构建了我国空管教育理论体系，填补了我国空管教育领域的一项空白，标志着我国对空管教育规律的认识达到了新的境界，对空管理论的创新取得了新突破，为我国全面提高空管人才培养质量，为适应经济社会发展，为打赢信息化战争，为空管建设"三步走"战略构想的实现发挥了重要作用。

感谢国家空管委为本书提供了全额资金资助并组织专家指导工作。

目前，关于空管教育的研究成果和理论资料不多，笔者在时间短、任务重的情况下，克服了重重困难，进行了大量的调查研究，精心思考，研究归纳，数易其稿，方形成目前的理论体系。尽管如此，书中仍难免存在不足之处，恳请广大读者批评指正。

编　者

2021 年 3 月

目　　录

第一章　绪　　论

文化是一个国家、一个民族的灵魂。文化兴国运兴,文化强民族强。没有高度的文化自信,没有文化的繁荣兴盛,就没有中华民族伟大复兴。建设教育强国是中华民族伟大复兴的基础工程,必须把教育事业放在优先位置,加快教育现代化,办好人民满意的教育①。

我党历来重视文化,关注教育,始终强调全面贯彻党的教育方针,落实立德树人根本任务,发展素质教育。加强师德师风建设,培养高素质教师队伍,提升人才培养质量②。

第一节　空管教育的含义

一、空管教育的概念

教育分为广义和狭义的两种。广义的教育指凡是有目的的增进人的知识技能,影响人的思想品德,增强人的体质的活动,无论是有组织的或是无组织的,系统的或是零碎的活动,包括人们在家庭中、学校里、亲友间、社会上受到各种有目的的影响,都是教育。狭义上的教育指根据一定社会的现实和未来的需要,遵循受教育者身心发展的规律,有目的、有计划、有组织地引导受教育者主动地学习,积极进行经验的改组和改造,促使他们提高素质、健全人格的一种活动。空管教育属于狭义上的教育,也是教育系统中的一个重要的子系统,不仅包括全日制学校教育,也包括非全日制、函授教育和在职培训等教育,是指对空管人员、空管学员进行系统的空管理论知识和空管应用技能训练的教学和培训活动,目的是培养素质高、能力强的空管专业人才,满足空管行业对应用型人才的需求。

世界各国空管系统均十分重视人才队伍的教育培养。美国报名受雇的空中管制员必须经过严格的考试、体格检查、保安调查等,合格者经航空学院筛选后进入专业培训机构,统一接受专业培训和考核。学员毕业淘汰率达25%。俄罗斯、法国等国均有完备的空管人员教育体系,为空管系统发展提供有力支撑。我国从20世纪50年代就开始了对空管人员的专业教育培训,目前在军队和地方四所大学(空军工程大学、中国民航大学、南京航空航天大学、中国民用航空飞行学院)成立了培养管制员的学院(系),为空管系统输送专业人才。仅"十三五"期间,四所大学共培养输出空管专业本科生8 616名、研究生622名,在职培训管制技术人员和行政干部14 201名。同时,军队和地方相关院校为空管系统培养了大量的专业技术和保障人

---

① 选自《中国共产党第十九次全国代表大会报告》。
② 选自《努力办好人民满意的教育》——袁贵仁在教育部党组学习贯彻党的十八大精神扩大会议上的发言。

员,源源不断的人才输出为空管事业持续健康发展提供了有力的支撑。

为了满足军民航空管联合运行需要,从 2008 年开始,在北京航空航天大学、中国民航大学和南京航空航天大学等学校相继开办了军民航一线管制技术硕士研究生班,初步建立了军民航空管联合培养人才机制,为空管系统输送了一批素质较高并掌握空管新技术的人才。为适应全球空管一体化、空管国际化发展趋势,军民航空管系统定期组织空管人员赴航空发达国家空管培训机构学习培训,我国成功举办多期国际培训班,标志着我国空管教育机构已经具备了对外开展空管教育的能力,国际交流合作培养人才的机制逐步建立了完善。

为适应航空事业快速发展对空管人才的需求,国家将进一步加大教育训练体系建设。通过增加师资力量、加大基础投入、扩大招生规模、拓宽培训渠道等措施,在现有教育形势的基础上,重点加强集中培训、联合培养、岗位培训、合作交流等方式,培养多层次、高水平空管人才,为我国空管发展与世界同步并最终达到领先水平打下坚实基础[1]。

二、空管教育的目标

高等教育要为国家实现"两个百年目标"提供强有力的人才支撑和智力支持,中国的高等教育要跻身于世界高等教育强国之列,这就是我们的奋斗目标,就是我们的使命和责任。增强使命意识,对我们至关重要,使我们有一种更加昂扬向上、为实现宏伟目标而奋斗的精神追求,使我们对高等教育现实中的差距有更加清醒的认识,使我们对工作的着眼点和立足点有更加准确的把握,使我们在具体工作中有更加脚踏实地、不懈努力、一步一个脚印去实现目标的工作作风。

空管教育是高等教育的重要组成部分,确立空管教育的目标是培养空管人员的必要前提,是更好服务高等教育的有力支撑。空管教育的目标体现着空管教育的思想和理念,包含教育培养规格、课程体系、组织培养方式和途径、教育管理和评价等基本因素。

(一)目标依据

我国的空管教育体制经历了由空军统一组织实施和军民航并行组织实施的两个历史阶段,满足了我国空管历史发展的需要。随着我国航空事业飞速发展,空中飞行活动日益增加,空管、空防任务不断加重以及空管技术的快速更新,对空管人员的素质、空管教育的目标提出了更高要求。只有确立与时代相适应的空管教育目标,才能使空管教育有的放矢、有章可循。立足于空管教育内在机制的目标导向以及国防建设、经济发展的外在需求,才可确立空管教育的目标。

(二)目标定位

空管教育目标的定位是对空管教育培养出的人才规格进行界定和规范的过程。随着空管的快速发展,空管教育与空管行业结合愈发紧密。空管教育无论是理念、方法,还是途径都发生了巨大变化,呈现出许多新特点。空管教育目标定位主要考虑以下两方面因素:

(1)空管教育的性质及任务,即空管教育在空管领域所处的地位,承担的职能和任务;

(2)空管行业对人才的需求,即空管岗位对空管人员素质、知识、技能等方面的具体需求。

空管教育目标的确立,既应满足国防建设、经济发展的需要,又须遵循高等教育的客观规律。

(三)目标特征

空管教育作为培养空管人员的一种社会活动,其目的是培养德才兼备、高素质、适应我国空管发展需要的专业化新型人才。良好的空管教育目标，应具有以下几方面特征：能集中反映我国的教育目的，体现出社会主义的办学方向，与军民航发展的总体水平相一致，符合"空防安全，飞行安全、有序及管制服务不间断性"等空管运行目标；必须符合个人的身心发展规律，促进个人的全面、和谐和整体的发展，塑造具有高度主体性、创造性、独立性和自主性的军民航所需要的空管人员。作为科学、客观的空管教育目标，必须具备上述特征，才能对国防建设和经济发展等需要进行科学选择、合理适应。

(四)目标确立

根据空管教育目标的依据、定位及特征，可确立空管教育的人才培养目标和空管教育知识体系，以满足现有岗位对空管人员核心能力的新需求。空管教育的目标是培养具有复合型知识结构、综合能力、较强创新精神与创新能力的通用人才，以适应空管运行管理、运行安全和系统保障等不同部门和岗位，并掌握世界空管前沿理论知识，熟练操作空管设备，精通空管新技术。

三、空管教育的任务

空管教育的任务是指空管教育的责任和使命，是空管任务在院校教育中的具体化，它由空管的目的、作用和价值决定。空管教育的特点，是空管不同于其他教育的特有属性，反映了空管训练的内在规律性。空管教育规律是空管教育构成要素之间内在的、必然的相互联系。空管教育规律蕴藏于空管这一客观事物的内部，不以人的意志为转移，决定着空管的发生、发展过程。空管教育主要是为培养适应空管建设的高素质新型空管人才的教育，目标是造就从事空管相关职业的专门人才。从总体上来讲，空管教育的主要任务包括一般任务、特殊任务和拓展任务。

(一)一般任务

1.一般任务的内涵

所谓一般任务是指在空管教育中体现的一般意义上的教育规律和教育问题。也就是说，在空管教育中体现的关于普遍意义上教育的知识、学说和理论都属于空管教育一般任务的范畴。

空管教育如同一般的高等教育一样，是通过培养人才等活动来促进空管建设发展的，它的主要职能是培养空管所需要的各级各类专门人才，为发展空管科学技术、空管发展建设提供咨询和服务。因此，空管教育体现着一般教育的属性和任务。教育学作为一门正式的研究学科，以发现问题和提出问题为起点，重点在于解决教育问题并提出新的问题，强调的是对于一切教育现象的研究。空管教育是对空管教育现象中存在的教育理论问题和实践问题进行研究，其目的在于总结空管教育经验，解释空管教育的一般规律，探究空管教育的原则和方法，预测其发展趋势，从而形成关于空管教育的知识和理论体系，并用以指导和规范教育实践。

2.一般任务包含的"双重任务"

研究空管教育，首先是把空管教育当作一个整体来考察，首要任务是寻找这个社会活动的普遍性的规律。空管教育的一般规律是空管教育活动的统一整体，是将一定的外在的空管教育内容向受教育者主体的转化，实现空管知识和文化的传递，促使受教育者个体身心发展，促使空管受教育者个体的社会化和职业化。

空管教育具有空管建设和院校教育"双重任务",但不是二者的简单相加,而是两者的有机融合。作为空管建设发展的重要活动,它必须满足空管建设发展的客观需求,但作为以培养人才为中心的院校,它也要遵循高等教育的客观规律。按照教育的基本规律,前者属于外部规律,后者属于内部规律,两者相辅相成。空管教育在教育方向、服务定向、政治思想建设等方面必须与国家建设的大政方针保持高度一致,在学科建设、教学建设等方面服从于国家高等教育的基本标准。因此,空管教育既是空管教育培训的基本环节,也是高等教育的重要部分。

作为培养空管人员的空管教育,不仅要给学习者传授空管知识和技能,而且要把学习者道德教育放在重要位置。道德教育可以通过健全学习者的人格,提升他们的思想品德和修养、创新思维,激发创造性等来促进学习者身心的全面发展;同时,现代高科技的迅速发展要求学习者具备扎实的文化功底、沉稳的个性、强烈的责任心和使命感,坚强的意志力和敏锐的思辨力。为迎合新时代发展的需要,空管教育要始终注意对学习者这些方面能力素质的培养。

(二)特殊任务

1.特殊任务的内容

对航空器飞行活动进行管理、监督和控制,维护领空安全和飞行秩序,是空管人员的主要工作内容。因此,与之相关的专业知识和技能的学习是空管教育的特殊任务,主要包括防止空中的航空器与航空器之间相撞;防止航空器与机动区内的航空器、车辆相撞;防止航空器与机场及其附近区域内的障碍物相撞;维护空中交通秩序,加速和保持一个有序的空中交通流量,以此来保障空中交通畅通、保证飞行安全和提高飞行效率;为保障安全有效的飞行提供有用的情报或建议;通知有关部门遇险航空器的情况,协助完成搜寻与救援工作等。特殊任务的主要目的是使空管学员通过理论知识学习和实习实训,牢固掌握所必须具备的空管相关知识及技能,提高空管技术运用技能,使之成为一名优秀的管制员。

空管是一个特殊的职业,它对从业人员有相当高的要求。它要求从事这项工作的人员具备丰富的专业技能、良好的语言表达能力、机敏的应变能力、丰富的思维决断能力、高度的自我控制能力和全面的综合协调能力等。具备全面的知识和专业技能是一名空管人员做好本职工作的基本条件,也是全面提高空中管制人员综合素质的基础。优化空管人员这一方面的素质,在进行空管教育的时候应注意使空管学员达到以下几点要求:首先在知识要求方面,英语能力应达到国家四级以上或国际民航组织(International Civil Aviation Organization,ICAO)英语四级以上水平,熟悉计算机操作,具有多种手段获取信息能力等;在语言表达方面,语言表达水平应达到国家标准,发音正确,口齿清楚;在逻辑思维方面,要求具备深厚的逻辑性,能够具有逻辑推理和判断力;在专业技能方面,能够通过空管实践能力考核,具备扎实的业务作业能力,熟练掌握其工作中的各项理论知识,了解各种应急情况的处理措施以及基础能力之外的快速反应能力等。

2.岗位任职能力

岗位任职能力是指空管教育学习者在任职岗位上、专业领域内,从事本职岗位工作所需要的能力,它是知识和技能的综合,是空管岗位任职的核心能力。空管岗位任职能力主要包括以下内容:熟悉和精通空管岗位的业务所需要的知识、技能,形成专业技能、技巧;紧随空管技术和相关学科的发展脚步,具备较强的适应性。空管领域内实用技术、应用技能的养成和知识能力培养要突出专业性、应用性和技能性,既为空管教育学习者上岗任职提供坚实的平台,又为其未来发展预留空间,真正做到学习者经过培训后上岗有优势、创新有能力、发展有空间。

提高空管人员的任职能力,总体上应该从知识、能力、素质三方面着手,立足空管教育的训练时机,把任职能力培养重点放在能力和素质上:首先,应该明确各种空管岗位需要什么样的知识、能力和素质,空管教育专业设置、人才培养方案、教学内容等都必须紧紧围绕岗位需求来设计,根据空管专业的特点设计空管人才培养目标;其次,教学过程应紧紧围绕岗位需求来开展,采用情境教学、案例教学、目标牵引教学、任务教学等教学方法,教学评价必须以能够满足任职需求为基本评价标准,增强教学的针对性和有效性。

空管专业所需的知识、技能、态度、价值观和情感,强调对学员综合职业素质的提升,社会适应能力以及创新能力的培养。空管教育是在国家规定的正规院校里进行课程的学习和培训,可以充分利用有关的培训场地、设备和教师。教育内容主要有空管专业知识、技能学习和实践训练等方面。

军民航空管教育的目的都是为我国航空事业培养高素质技能型人才,在教育过程中应该注重加强军民航协调与配合,积极改进教育培训方法,使军民航双方在教育阶段通过相互的交流学习,了解对方的管制方式、管制手段、工作程序等,为走上工作岗位奠定良好的沟通协调基础。在实际管制工作中,军民航的配合协调可以采取以下方法:定期召开军民航空管协调会,协调运行中出现的各类问题;军民航定期互派联络员,确保航班运行安全;组织业务骨干探讨典型军民航冲突,协商解决方案,为军民航空管运行安全提供有力保障;灵活使用空域,创新调配方法;排查隐患,全力清除工作盲点,消除造成管制员"错、忘、漏"问题的根源。在拓展任务教育内容上也应做到军民航一致,注重对学员在知识、技能、态度、价值观、情感培养方向的一致性,强调工作能力、方法能力和社交能力的培养和提高。

(1)工作能力。空管人员的工作能力主要是指一名合格的管制员应具有的全面的知识能力结构,包括评估决策能力、情绪控制能力、应变创造能力、预测统筹能力、立体感知能力等。较强的工作能力主要从两方面实现:一方面,空管学员应不断巩固既有知识,不断学习新知识,打牢业务和理论基础,熟练掌握空管理论及飞行相关知识;管制手段和管制方式的不断更新升级,高精尖技术和设备在管制工作的大量使用,要求管制员具备扎实的理论基础和精湛的管制技术,透彻地理解管制规则和程序,增强信心,从而能在各种情况下做到有条不紊,自如地化解飞行矛盾。另一方面,空管学员要积累一定的飞行调配经验,培养辨明和分析飞行矛盾的意识和能力;因为管制员在管制指挥时应尽量提前预测可能存在的潜在飞行冲突,这就要求空管学员要在实习过程中善于总结和积累经验,不断提高完善自己,一旦发生非常规情况应能及时做出反应,在最佳的时机对问题进行处理。

(2)方法能力。方法能力是指空管人员在工作过程中有能力并善于利用有效的管制手段来达到保障领空安全和飞行活动安全的目的,主要包括应变创造能力和信息处理能力。空管人员的工作是极其复杂的,在管制指挥过程中,外界环境发生变化时,空管人员做出的反应可能是本能的,也可能是经过大量思考所做出的决策,空管人员必须统筹规划和协调各项工作,做到各项工作有条不紊,保证各项操作的正确进行,信息的传送无误等。因此,统筹规划和协调的能力也是其素质要求中最重要的一个方面。空管教育应培养管制员在空中交通状况和其他状况的变化中产生创意和策略,能够做到审时度势和随机应变;信息化的发展延伸到空管领域是对管制员的另一挑战,新时期的空管人员应具备熟练的计算机操作能力和信息处理能力,特别是对数字的敏感力和辨别力。管制员在管制指挥过程中,需要处理大量的数据和信息,如航空器编号,航班号,航路代号,航空器的速度、高度、航向以及无线电频率等,空管人员既要对这一系列的数字信息快速反应,又要增强辨别力。

（3）社交能力。社交能力主要是指空管人员的沟通协调和语言表达能力。空管不是一个人就可以完成的工作,需要多人配合、团队合作,而且在管制指挥过程中,空管人员也需要与航空器和地面的工作人员进行良好的沟通、协调,需要将各种资源、各种关系、各种因素、各个环节整合起来,达到空管安全运行目标,因此,沟通协调能力是一名合格管制员应该具备的必要素质之一。由于管制工作的特殊性,管制工作过程中需要管制员用词准确,词意明白,结构合理,语句简洁,合乎规范,能把需要传达的信息表述得清晰、准确、连贯、得体,这是管制工作顺利和有效开展的重要条件。

另外,在实际工作中,管制员要对各种飞行状况进行迅速合理的判断,作出及时有效的处置,这不仅要有丰富的工作经验和良好的职业技能,更要有过硬的心理素质。由于飞行活动具有变化快、情况复杂多变的特性,任何差错都有可能导致飞行事故的发生。尤其是出现非常规情况时,对管制员的知识技能、身体素质和心理素质提出更大的挑战。因此,空管工作的性质决定了空管人员必须要有过硬的身心素质。

四、空管教育的类型

空管教育按照教育对象的不同可分为军航空管教育、民航空管教育和军民航交叉培训;空管教育按照教育阶段不同可分为空管基础教育和空管在职教育。

空管基础教育又称为空管养成教育,是对空管学员的素质和能力进行有目的、有计划、有组织的管制基础培训,它是空管各种教育培训的基础。通过地方高考和军队统一选拔考试,经体格检查、面试以及必要的审查后,合格者成为基础教育学员,经过系统的专业教育培训后,考核方可取得空管相关专业学位。

空管在职教育是为提高空管行业在职人员专业技能进行的培训活动,侧重于实践技能和实际工作能力的培养,分为在职学历教育和在职培训。

在职学历教育,即以在职人员的身份报考、学习、考试,通过考试后进行脱产或半脱产学习,如工程硕士等。

有的在职培训也称岗位培训。目的是使受训者具备或提高在管制岗位工作的能力与资格。岗位培训按培训方式分为课堂教学、模拟操作和实地操作。按性质分:军航在职培训包括在岗培训、换装培训、管制业务提高培训、英语培训、换岗培训、战时航空管制培训、继续教育和军民航交叉培训等;民航在职培训包括上岗前培训、资格培训、设备培训、熟练培训、复习培训、附加培训、补习培训和追加培训等。所有培训对培训时间、内容及考核均有相应要求。

五、空管教育的意义

空管教育是社会变迁、军民航转型的重要领域,并与社会结构的调整、转型和发展紧密联系。空管教育对促进我国军民航事业全面、协调、可持续发展,对提升空管人员队伍的整体素质、能力和知识,对实现"空防安全、飞行安全、飞行有序性和管制服务不间断性"的空管目标等方面具有重要的意义。在当前国家战略利益深度拓展、战争形态深刻变化和军民航迅猛发展的全新历史时期,国家空管体系职能使命责任、管理对象、目标要求和方法手段都发生了深刻变化,其内涵和外延不断丰富,空管教育必须主动适应国家、军队发展变化、技术发展以及形势任务等带来的新情况、新问题,为空管各岗位输送高素质空管人才。

(一)提高我国空域使用率的迫切要求

空域是国家领空的一部分,具有主权属性。它是进行空中军事活动和航空运输以及保卫国家领土主权与国家安全的重要领域。同时,空域又是自然资源的一种,具有资源属性,是国家资源的重要组成部分。在保证国防安全和航空安全的前提下,国家应从维护公众利益、促进经济社会发展的高度,加强空域管理、科学配置空域资源。

我国空域资源分布不均,经济发达地区机场密布、空域狭窄、航路航线纵横交错、各类炮射点星罗棋布;民航开辟的航线增加,航线上机型种类多,飞行流量大,军事飞行区域与民航航线纵横交错,增大了军民航飞行冲突的概率。许多航路航线穿越军事飞行空域,管制调配难度增大。同时,由于受诸多因素制约,空域分类问题还没有完全解决。我国日益增长的空域用户需求与空域资源有限性之间的矛盾异常突出,飞行冲突和危险接近的现象有时难以避免。空域管理理论是对国家空域资源进行合理规划、配置、开发和管理的重要依据,是空域战略管理层正确决策的客观基础。空管教育在空域管理方面,应加强空域容量评估理论与数学建模、航空器安全间隔标准评估理论、航路规划与设计理论、终端区划设理论和方法、自动化飞行调配理论与技术、空域灵活使用等方面的研究,用科学理论对空域资源进行合理地规划与管理。同时,实施统一的空管教育可以加强军民航空管人员的管制指挥与保障能力,充分发挥人的主观能动性,通过改善管制方式与方法、统一管制标准和程序,提高管制技能,增强管制效率,增大飞行流量,最大限度的提升空域利用率。

(二)提高军民航飞行安全的人力资源保障

空管具有天然的军民融合属性,空管的理论、技术、设备、法规标准以及空管人员都有较强的军民融合性、通用性。从世界范围来看,各国的航空活动都有民用飞行与军事飞行。由于民用飞行和军事飞行分别反映了国家经济建设和国防安全建设的需求,是国家建设事业全面、协调和持续发展不可分割的两个方面,军民航空管主体联合运行、军民航空管活动交织进行、军民航空管信息共享互通,同一片蓝天下的空管活动联系紧密、不可分割。我国与世界100多个国家和地区互通国际航班,航空运输量仅次于美国,居世界第二位,每天有两千多架次的进出境航班飞行,需要与各国空中交通管制系统根据国际航空协定和双边协议协调航班计划,提供空中交通管制服务。截止到2019年,运输飞行总量将达到1 310万架次,运输机场238个,运输机4 000多架;通用航空在册航空器总数3 000多架,飞行时间200多万小时,年均增长达20%。从历次非战争军事行动空管保障实践以及重大活动军民航空管协同的默契与舒畅程度看,人员知识结构、思维模式上的差异对空管保障效率的影响大于机制和设备等因素。

空管系统在推动国家经济发展、加强国防建设的过程中,其首要任务是确保领空安全和飞行安全,保障人民群众生命财产。在中西部地区如成都、昆明、西安等地飞行流量也呈快速增长势头。随着我国国际地位的提高和国家建设的需要,我国专机和重要飞行任务逐年增加,各种专业飞行和航空体育飞行急剧增加,使用的航空器种类繁多(各型飞机、直升机、飞艇及热气球等);随着实战化军事训练的不断深入,航空兵部队训练任务日益繁重,活动空域范围增大,呈现全时全域状态。军民航飞行活动的日益增多,将加剧军民航的飞行矛盾,对保证飞行安全带来挑战。目前,军民航双方在组织机构、法律法规、设施标准、空域管理、人员培训、管制指挥等环节上还存在着一些差异。因此,空管人员在保障飞行安全中发挥极其重要的作用,必须通过空管教育提升管制员的战略思维层次,进一步强化空管教育的教学深度和广度,实行科学的军民航空管运行模式,提高空管人员的主观能动性,进一步提高军民航飞行安全性。

(三)建立现代空管人员队伍的客观需要

当前,空管领域正在发生广泛而深刻的变革,面对风起云涌的空管理论、技术、机制等变革浪潮,国际民航组织、美国联邦航空局(FAA,Federal Aviation Administration)、欧洲空中航行安全组织(Eurocontrol)等民用航空组织和机构,以及美国、澳大利亚等国的军队,不断推出空管的新理念、新技术。国际民航组织加强新技术新概念的验证和新理论的研究,先后提出了航空系统组块升级计划、未来空中交通运输系统(Next-Gen)、单一天空及空中交通管理研究计划等空管新理念与新技术;美军制定了《联合空域控制条令》《作战地带空中交通控制条令》等条令文件,引领着世界军民航空管理念、技术和装备的发展,撬动空管建设转型,拥有世界空管的话语主动权。

空管教育只有准确把握时代发展脉搏和发展趋势,针对航空事业飞速发展的关键时期所面临的复杂形势,持续推进理论创新、科技创新、实践创新,为空管建设输送大批高素质人才,才能实现空管教育的时代责任。科学的教育目标和理念是我国空管队伍建设的迫切要求和行动指南。随着空管运行机制的不断完善,军民航的管制手段、协调方式等将发生重大变化:一是面对当今航空事业迅猛发展的趋势,空管技术不断更新,自动化程度不断提高,管制理念需要创新,管制方式需要改进;二是面对实战化军事训练的不断加强,军事飞行活动不断增加,对空管人员的快速反应、协调等能力提出了更高的要求。因此,为适应空管形势发展,深化空管教育创新理念,发挥空管教育的导向思想,根据国家空管建设的总体要求,把我国空管队伍的建设纳入国家发展的大潮中,既要扩大开放,又要立足自主创新,只有这样才能有效解决我国空管建设面临的各项现实问题。

空管教育的理念就是坚持以人为本,是把人作为宝贵的资源和财富,把人作为一切活动的出发点和归宿。通过加强空管教育的力度,充分发挥人的作用来满足空管建设的需求并促进其全面发展,为空管岗位培养塑造出大批高素质的空管人才。把空管人员置于值班工作的核心地位,确定现代化空管队伍的主导地位是空管建设的根本,深入实施科技兴业战略和人才强国战略,强化人才超前教育,强化"宁让人才等设备,不让设备等人才"的意识,以贴近实际且具有前瞻的谋略培养"高智多能"的宏观人才,创造人尽其才的环境,使人力、物力和信息资源实现有机整合,充分发挥"人-机系统"的整体效能。通过卓有成效的管理活动来激发和调动空管人员工作的主动性、积极性和创造性,并通过教育来促进空管建设全面发展,以适应未来飞行流量的持续增长,为未来空管新技术发展提供智力支持。

着眼现代化空管队伍建设,加强空管教育的创新力度,探索我国空管队伍建设过程中所遇到的新问题,为我国军民航建设全面协调可持续发展树立坚强支柱。把握空管教育、空管队伍与空管行业发展的内在联系,加强宏观筹划,把握重点,促进军民航协同建设与发展,实现军事战略与国家战略相协调,使我国空管队伍有能力为空防安全和飞行安全提供强有力的保障,为维护国家利益提供有力的战略支撑。为此,空管教育必须重视空管队伍建设的战略筹划和顶层设计,注重谋大局、抓统筹、求实效,确保我国空管队伍建设全面协调可持续发展。

第二节 空管教育的要素

空管教育要素是指构成空管教育的必要因素,主要包括空管教育者、空管学习者、空管教育内容、空管教育方法和空管教育环境。

一、空管教育者

空管教育者是空管教育组织实施者的统称,是空管教育的主导要素,既是确定空管教育培养目标、制订空管教育计划、选定空管教育内容、组织空管教育活动、指导空管教育实施的亲力亲为者,又是发现和解决空管教育问题的责任人。空管教育者也是有目的的、系统的对空管学习者施加身心影响的人。空管教育主要有两种类型,一是空管基础教育,二是空管在职教育。因此,空管教育者由学校教师和专业培训者两部分组成,其中,空管基础教育学校教师在聘用形式上有专职教师和兼职教师的区别。综上所述,空管教育者包括学校教师(专职教师、兼职教师)和在职培训教师。

(一)空管教育者的任务职责

1.专职教师的任务职责

专职教师主要的职责是履行学校教育任务。教育部规定了学校教师要促进学员的全面协调发展:学会认知、学会做事、学会生存。这就要求专职教师的基本职责有三个方面:一是引导学习者构建知识体系。学校教育最重要的使命之一就是帮助学习者学会认知,学校教师不是把理论知识灌输给学习者,而是作为引导者,通过介绍、启发和辅导等形式激发学习者自主形成知识体系。二是辅助学习者形成专业能力。空管是实践性很强的专业,学员掌握了理论知识而没有实践运用,只会"纸上谈兵",缺乏"做事"能力,因而专职教师要及时地为学习者提供知识运用的机会,督促学习者运用理论知识解决实际问题。三是培养学习者的生存能力。空管人员不仅要具备扎实的理论知识和专业技术能力,还需具备分析问题、学习和沟通等能力,学校专职教师作为学习者的初级培养者,应通过空管模拟训练和专业教学活动帮助学习者逐步形成这些综合素养。在上述三个职责的教育过程中,教师最为核心的职责就是"德"的教育,就是"教知识、育人才"。构建知识体系、形成专业能力、学会生存能力是在教知识,德的教育贯穿于教知识的全过程。通过教师自身的师德修养、向学员宣传空管战线上的典型事迹、模范人物,以及介绍空管的创业历程,在传授知识的过程中潜移默化的影响学员,在"润物细无声"的过程中增塑学员的品德修养。

2.兼职教师的任务职责

兼职教师主要的任务职责是辅助和配合专职教师的工作。在培养方案的制定和实施上,专职教师和兼职教师既有合作又有分工。在合作方面,他们共同制定各层次空管人员的培养目标、培养标准和培养计划,共同设计课程体系和教学内容,最终共同评价培养质量;在分工方面,专职教师和兼职教师分别负责制订校内培养计划和企业(部队)培养计划,校内学习阶段和企业(部队)学习阶段学员的培养和考核;在教学工作上,专职教师主要承担专业基础课和理论性强的专业课的教学任务,兼职教师主要承担实践性强的专业课的教学任务以及开设工程专题报告;在指导学员上,校内专职教师和企业(部队)兼职教师分别担任校内导师和企业(部队)

导师,联合确定本科毕业设计题目或研究生学位论文选题,联合指导本科毕业设计或研究生学位论文。

3.在职培训教师的任务职责

空管在职培训的目的是使受训者具备或提高在空中交通管制岗位工作的能力与资格。受训者完成空管基础教育后,方可参加在职培训。因而在职培训教师的主要任务职责有两个方面:一是通过真实工作环境实习促使受训者巩固和运用空管基础教育所学的知识,形成空管实践能力;二是通过提高培训来完善受训者的综合专业素养,不仅要提高他们的空管专业能力,使受训者的专业能力更加熟练,更加广博,同时要注重培养受训者的空管职业精神和职业道德,让受训者通过"做中学"体会团结协作的重要性,养成谨慎的工作态度,帮助受训者形成良好的职业习惯。

(二)空管教育者的特性

空管教育者具有权威性、主导性和层次性。

首先,空管教育者的权威性主要体现在以下几个方面:一是空管教育的目的、内容、方法、时间、环境和标准等环节由空管教育者依据教育大纲和教育客观条件决定;二是空管教育者按赋予的权限可以视情适时调整教育目的、内容、方法、时间和环境等;三是空管教育者有权对受教育者进行检查、督导、考评。

其次,空管教育者的主导性贯穿于空管教育的全领域、全过程。空管教育前的主导性在于制定、修订空管教育法规、制度和计划,明确空管教育指导思想、原则和教育内容、方法步骤及保证教育质量的措施;空管教育中的主导性在于因人、因果、因时、因地实施教育,充分发挥空管教育学习者的主观能动性,跟踪督导抓落实、抓服务保障、抓效果质量;空管教育后的主导性在于组织进行空管教育总结,从空管教育各方面各环节找问题、研究对策、实施精神与物质统一的奖励激励,以推动空管教育良性循环。

最后,空管教育者的层次性主要表现在三个层次,即学校专职教师、兼职教师和在职培训教师。三个层次的教育者承担不同的分工,专职教师重在培养学习者的理论知识和专业基础知识,为后续学习奠定扎实的理论基础;兼职教师重在培养学习者的专业运用能力,在职培训教师重在培养学习者的综合实践能力并增加学习者的实践性经验。三个层次的教育者对于空管学习者每个阶段的学习都非常重要,他们的教学活动共同构成完整的空管教育体系。

二、空管学习者

空管学习者是指接受空管教育的个人和单位。我国空管教育体系的层次结构随着航空事业的发展逐步完善起来,其教育培训对象宏观上分为军航空管人员和民航空管人员。空管学习者是空管教育所直接作用的主要对象,也是达成教育目的、落实训练质量的主体要素。

(一)空管学习者的任务

1.掌握理论知识

空管学习者除了掌握基础教育要求掌握的数学、物理、外语、计算机、地理、心理学、逻辑学等基础知识外,还应当精通并会应用交通运输行等其他方面的专业知识,如航空器理论知识、导航知识、气象知识、空管设备知识、法规与程序知识、人为因素等。作为军航空管学习者,还需要掌握军兵种知识、战时空管、作战理论、参谋业务、军事高科技知识、空军作战指挥等军事基础知识,才能适应军航空管岗位的实际需求。

2.熟练管制技能

空管学习者应当具备熟练的专业技能,熟悉空中交通管制业务、飞行情报和告警业务,具备沟通和协调等能力。另外,军航空管人员还应具备非战争军事行动空管保障能力和军事活动空管保障能力。

3.养成良好的职业态度

态度决定一切。良好的职业态度是空管人员最重要的品质,直接关系着管制工作的质量和安全,主要包括严明的组织纪律、严谨细致的作风、安全意识、团队协作意识、崇尚荣誉等。良好职业态度不是一朝一夕的努力就能养成,需要空管学习者在平时的学习中就要形成认真细致、攻坚克难、融会贯通和持之以恒的态度。

(二)空管学习者的特性

首先,空管学习者具有突出的个体性。空管专业在选拔学员时,根据不同的岗位有不同的标准和多样化的需求。学习者个人的能力素质各不相同,各有所长,各有特定所需,学习者的性格特质、身体素质和学习能力各具特点。其次,空管学习者具有整体性。空管是系统性工作,空管人员在学习的过程中就必须学会与其他工作人员合作分工、沟通协调,以最大整体效益为目标。最后,空管学习者具有很强的可塑性。空管学习者应能够较快地吸收理论知识、掌握技术技能以及养成良好的职业习惯。

三、空管教育内容

(一)空管教育内容的特性

空管教育内容应具有先进性、科学性和针对性三大特性。

1.先进性

空管教育内容先进性是相对于传统训练内容而言的。空管教育内容先进性突出表现在紧扣空管教育目标、任务,空管环境,保障条件,并随着这些情况的发展变化而变化,能够满足现实和突发情况的要求。在当今多变的国际背景下,空管教育内容必须结合空管可能出现的新情况、新问题、新变化,适时调整,确保空管教育内容具有时代性、超前性和实用价值。因此,与时俱进地调整和规范空管教育内容,是保持空管教育内容先进性的根本措施。

2.科学性

空管教育内容的科学性,集中反映在对空管特点和规律的把握上。在现代空管教育内容中,政治、经济、文化和科学技术知识相互交融,使得空管教育的知识越来越丰富,体系越来越庞大,实际应用的范围和价值越来越大。检验空管教育内容的科学性,主要是看它的理论价值和实用价值是否经得起空管实践和科学实验的检验,是否有利于提高空管学习者的素质能力。

3.针对性

空管教育内容历来是空管教育最生动、最活跃的要素,并随着时代的发展而拓展,随着认识的飞跃而演变,随着空管任务的变化而不断发展。空管教育内容应随着空管任务的变化而不断更新,以及飞行流量的不断增加、空管新技术的不断更新、空管自动化程度的不断提高而不断进行调整,总是紧贴实战,着眼于需求,依据空管任务而确定,以适应我国航空事业的快速发展。因此,空管教育内容应具有很强的针对性。

(二)空管教育内容的作用

首先,空管教育内容直接反映了空管教育的目标。空管指导思想和目标决定了空管教育内容体系结构,空管指导思想和目标的改变,必然引起训练内容的改革和调整。空管教育目标还决定空管教育内容的深度、难度和强度,制约着训练标准的确定。

其次,空管教育内容是空管教育实施的客观依据。一切空管教育活动,诸如理论学习、演练、实验、考核、评价等,只有依据空管教育内容展开才是有效的。在空管教育过程中,只有坚持教育内容和教育形式的统一,把握教育内容决定教育形式、教育形式反映教育内容的内在规律,才能促使教育质量的提高。如果重形式、轻内容,满足于中看不中用的汇报表演式的训练,空管教育就会流于形式,成了"花架子",造成空管教育投入的巨大浪费。

最后,空管教育内容是空管教育发展的变革重点。空管教育的发展往往是通过教育内容的变革来实现的,通过教育内容更新淘汰机制,坚持技术创新、方法创新、理论创新,不断推动空管教育的可持续发展。

四、空管教育方法

空管教育方法是空管教育的组织形式、实施程序、教学方法和手段运用的统称,主要有课堂教学和模拟实习两种方法。

(一)空管教育方法的特性

空管教育方法应具备对应性、多样性和适应性。

1. 对应性

任何一种教育方法,都必须着眼于提高教育的效率、效益、效果和质量,符合教育的目的、对象、环境,并与教育条件相适应,否则难以发挥其应有的作用。这就是教育方法的对应性表现。

2. 多样性

从空管教育活动的过程看,空管教育者的方法由组织方法、计划方法、保障方法、指导方法、监督方法和考评方法等构成;空管学习者方法由自习方法、听课方法、阅读方法、作业方法、操练方法和评教方法等构成。因此,训练方法不是单一的,而是多样的和系统的,不同的教育目的、不同的教育对象、不同的教育内容,需要采用不同的教育方法。

3. 适用性

不同的空管教育内容和受训者,需要运用不同的组织形式、训练过程和方法。因此,对不同的教育内容,应采取不同的组织形式和方法。

(二)空管教育方法的作用

首先,影响和决定教育效果与质量。科学的空管教育方法可以缩短教育周期,减少教育时间,提高训练质量和效益。教育实践证明,科学、先进的训练方法是保证教育效果和质量的关键。空管教育方法得当,空管教育就会事半功倍;教育方法不得当,教育就会事倍功半,达不到预期的目的。因此,空管教育必须采取科学的、先进的教育方式方法;针对不同的学习者、教育内容、教育环境等,采取不同的训练方法,因人施教,以追求最佳的教育效果和质量。

其次,连接空管教育者和学习者。选用教育方法是以空管学习者为前提的,教育的组织形式、教育过程、教育手段和具体方法的运用,只有符合空管学习者的特点才能收到良好的效果。空管学习者在接受知识和提高能力的同时,也能帮助空管教育者总结和探讨教育的方式方法。空管教育者和学习者之间的交流,不仅是通过教育内容,而且也是通过教育方式方法实现的。好的空管教育方法能使教育者和学习者之间最大限度地融为一体,形成良性的互动效应;相反,不恰当的教育方式方法会使教育主体与客体之间难以沟通磨合,甚至相互抵触。可见,空管教育者和学习者都应充分认识空管教育方法的重要性,认真学习和研究科学的教育方法。

最后,节省教育资源。空管教育方法也影响和制约着教育资源的合理运用和开发。采用模拟教育器材和模拟教育系统,可以减少真实器材的耗损;运用虚拟现实技术,可使学习者身临其境,获得实际感受;利用空管教育信息网,可扩大空管教育的受训面。新的远程教育方法的合理运用,可以大量节约教育费用,节省教育场地和设施,提高教育效益。

五、空管教育环境

空管教育环境,是指空管教育的自然环境,社会环境,以及设施、装备、器材等物质环境的统称。空管教育环境决定着空管教育方法,左右着教育内容,进而对空管教育者的计划组织活动、学习者的知识能力的提升产生影响。

(一)空管教育环境的特性

首先,多元复杂性。现代条件特别是信息化条件下,影响和制约空管教育的环境因素越来越多,教育的组织保障工作越来越复杂,各种环境因素相互之间的联系也越来越紧密,由此决定了空管教育是在一个复杂的大系统中运行的。空管教育者必须充分认识教育环境的这一特点及其对教育过程的影响,从宏观上着眼,把各个方面、各个层次、各个环节的保障看成是一个完整的体系,建立科学合理的内部结构,周密而科学地组织各项教育活动。其次,技术依托性。对信息技术、模拟技术的依赖是空管教育的一个重要特点。空管教育实践证明,将信息技术、模拟技术等现代高新技术引用到空管教育之中,不仅提高了空管教育效果、教育质量,降低了教育消耗,而且使空管教育更形象逼真,更贴近实际,更有利于教育者和学习者科学合理地利用教育环境,整合教育资源。因此,从高标准和最佳效果出发,空管教育必须重视以现代高新技术为支撑、为依托,特别是要积极引用最新的科学技术成果。最后,动态可变性。教育环境不是一成不变的。教育时间是根据教育内容的难易程度和以往的教育经验确定的,但随着空管学习者综合素质的提高,原定的教育时间就可能调整;随着现代教育技术的发展和其在空管教育领域中的广泛应用,教育空间会向虚拟方向拓展。总之,空管教育环境是动态的、发展变化的,只有把握好这一点,才能赢得主动。

(二)空管教育环境的作用

首先,保障空管教育的正常运行。教育环境是空管教育活动的依托,是教育者和学习者结合成统一体的纽带,是完成教育任务、提高教育质量的基础和前提。"巧妇难为无米之炊",教育需要一定的投入和必要的条件,否则就不可能达成预期的目的。

其次,为空管教育提供非物质支持。教育环境不仅为空管教育提供物质条件(人力、物力、财力等),还提供政治工作、思想教育和精神激励等"软"的条件。

最后,制约空管教育。空管教育制约着教育活动的展开、教育内容的确定、教育方法的选择和教育目标的实现。

空管教育概论

第三节　空管教育与其他学科的关系

一、空管教育与通识教育的关系

空管教育,涉及通识教育和专业教育,两者均存在各自完整的教育理论体系。通识教育本身源于 19 世纪,当时有不少欧美学者感觉现代大学的学术分科过于专门化,知识被严重割裂,于是提出了通识教育。通识教育是大学整体教育的一环,旨在培养学员具备思维能力和意识,以理解人类及现代社会所关心的问题。通识教育的目标在于引导学员拓展知识视野,认识不同学科的理念和价值,提升对人类共同关心问题的敏感度,建立判断力和价值观,理解不同学科之间的关联,认识融合发展的可能以及发掘终身学习的潜力。自 20 世纪起,通识教育已广泛成为欧美大学的必修科目。专业教育也称专门教育,是培养各级各类专业人才的教育。我国实施专门教育的机构为高等学校、中等专业学校、职业学校、技工学校等。专业教育一般在通识教育的基础上进行。专业教育是要求执业人员具有从业必备的专业学习背景,所在学校及所学专业的办学条件、课程设计、教学过程、教育质量等都要达到一定的标准,才能称之为接受过专业教育的人才。

空管教育是国家教育大系统的有机组成部分,既受教育本身内在机制的目标导向制约,也需要根据社会转型或变迁的外在需求,尤其是根据军民航飞速发展需求不断对其模式进行调整。空管教育包括通识教育和空管专业教育两部分。就通识教育而言,空管教育涵盖了通识教育的基本内容。就专业教育来说,空管教育同样涵盖了专业教育的基本内容。空管教育是一门专业性很强的教育,其专业性主要指空管需要的业务知识、业务技能和专业技术等。航空业作为一个事关国家领空安全、涉及技术综合复杂的特殊行业,对从业人员提出了严格的、高标准的要求,要求他们具备扎实的专业知识、熟练的岗位技能。空管人员的培养具有鲜明的职业特色,它具有实践性、应用性和操作性强等特点。此外,管制工作要求比一般行业人员有更强的工作能力和更高的业务素质,因此,空管教育的专业性比其他类型教育更强。可见,空管教育不仅具备通识教育的基本特征,更是一门为我国航空事业培养、输送合格空管从业人员的专业教育。

通识教育和专业教育二者之间既有明显的区别,也有一定的联系。通识教育和专业教育有机融合,是教育改革与发展的终极目标。同样,如何实现空管教育中的通识教育和专业教育的有机融合,是空管教育应当关注的重要问题之一。在空管教育活动中,既要拓展空管院校的学员和空管在职教育学员的知识视野,理解空管教育不同学科之间的有机关联,促进空管教育不同学科融合发展,又要有效地提升空管需要的业务知识、业务技能和专业技术等。可见,空管教育需要把握好通识教育和专业教育的关系,既要全面了解通识教育的基本内容,又要重点把握专业空管教育基本要素。因此,要将二者有机融合,既突出重点,又有所侧重。

二、空管教育内在各要素的关系

系统论认为,世界上任何事物都是由要素构成的系统,要素是构成系统的基础。空管教育的各个要素是构成空管教育的必要因素,包括空管教育者、空管学习者、空管教育内容、空管教育方法和空管教育环境。空管教育的本质就是对其构成要素合理地配置与使用,从而快捷、有效地实现空管教育的目标。因此,空管教育的构成要素应是空管教育活动不可缺少的、相互独立的基本单元。空管教育活动对其构成要素的要求是:必须与空管教育活动直接关联,而不是通过其他因素的传递同空管教育活动发生联系;每一要素都必须是不可或缺的,缺少则空管教育活动无法进行;全部要素必须能保持空管教育活动的最低运行水平。

在空管教育活动中各个要素都处于不断演变、丰富和发展之中。研究空管教育及其构成要素,必须运用全面、客观、发展的观点和科学的研究方法。

三、军民航空管教育的关系

军民航空管教育所涉及的政治理论、思想道德、专业学科教育和空管业务知识技能训练存在整体同一性,但军航空管教育对军事技能方面又有特殊的要求。这种特殊性要求,以及军民航发展现状和军民航空管工作对人员能力素质要求的差异性,决定了军民航空管教育的差异性。随着我国经济的快速发展,班期飞行、旅客流量、货邮运输、通用航空飞行每年都有大幅度增加,今后数年仍将以超过 10% 的速度逐年递增。目前,北京首都机场、上海浦东机场和广州白云机场日均飞行均超过千架次,位于亚洲繁忙机场排名前列。"十三五"期间,我国民用航空运输总量仅次于美国,位居世界第二。同时,为了适应现代战争的需要,加强军事斗争准备,航空兵部队突出了由技术训练向战术训练的转变。贴近实战的训练科目大幅增多,飞行员年飞行时间指标大幅度提高,战术训练的比重大幅度增加,活动空域范围增大。伴随军民航飞行量急剧增加,军民航飞行矛盾日益加剧,使维护飞行秩序和保障航班正常的压力越来越大,增加航班数量和进行高难度训练越来越难,安全形势日益严峻,新的发展形势为空管人员提出了新的更高的要求。因此,民航空管教育更加突出管制指挥技能的强化训练,强调受教育对象为日常班机提供管制服务的技能;军航空管教育更加突出空域整体管控能力训练,强调受教育对象的指挥协调、应急处置、战场管控等能力素质。整体看,军航空管教育与民航空管教育在教育内容上存在包含关系,即军航空管教育内容是在民航空管教育内容的基础上增加军事技能方面的内容;军航空管教育与民航空管教育在训练重点上存在差异,即民航空管教育的训练重点在强化指挥引导,军航空管教育的训练重点在强化空域管控协调能力。目前,民航空管人员培养在教育层次上实现了大专、本科、研究生培养与各类在职培训的有机结合。军航空管人员培养,在专业上形成了以日常航空运行管理、空域管理、流量管理、空管法规标准和空战场管控为主体的一体化培训模式;在培训层次上实现了本科、研究生学历教育与任职培训、各类在职培训的有机结合。因此,对空管教育的研究,要从国家需求和军队建设需求出发,立足现在,着眼未来。做好空管教育研究,妥善处理好军航和民航之间的关系。

第二章 空管行业特点及职业要求

第一节 空管行业的主要特点

空管行业发展起步较晚,至今尚不到百年历史,在伴随着航空事业取得巨大突破的同时,空管也实现了从无到有、从落后到先进的跨越式发展。从 20 世纪初空管系统的初步建立,到本世纪各国空管体系的成熟完善,历经了空管技术、管制方法的多次更新。一系列新技术、新方法、新设施设备的应用,从根本上改变了以往空管系统规模小、系统单薄、运行管理落后的局面。空管系统在肩负着空防安全重任的同时,还承担着保障航空飞行活动安全、有序、顺畅的任务,为确保国家空中安全提供了有力保障。因此,空管作为一个特殊的行业有着鲜明的自身特点和职业要求,对空管教育的目标也提出了特殊的要求。

一、安全责任重,兼顾效率难

安全是人的基本需要,是社会文明进步的标志。航空运输行业的属性决定“没有安全就没有一切”,“安全第一”更是空管系统的生命线。全社会对安全的期望值越来越高,航空安全越来越成为公众关注的热点和焦点。针对新阶段航空运输市场需求量持续增长,以及旅客对航空运输运行品质的要求越来越高等特点,需要空管安全管理确立安全优先级意识、风险意识、责任意识、服务意识、全局意识,形成先进的、全员认同的持续安全理念。

近年来,我国航空事业发展迅猛,军民航飞行流量快速增长,各种新技术不断发展,安全间隔不断缩小,空管系统安全压力越来越大。空管人员的职责主要是维护空域内的飞行秩序,保证航空器之间具有符合规定的间隔(纵向、横向和垂直三个方向),防止航空器与航空器、航空器与地面障碍物相撞。空管人员的工作直接关系到飞行安全,长期工作导致的职业倦怠往往影响着空管人员身心状况及工作效率,从而产生人为差错,例如管制员的“错、忘、漏”极大威胁了飞行安全。另外,由于航空器飞行速度快,航空器数量不断增长,而可用空域不能满足需求,造成航空器相撞的风险增加。如果空管系统中的任何一个环节出现问题,就可能会影响航空器的安全,而受到威胁的不仅仅是一架次的损失,而是数倍的灾难。可见空管作为航空器安全运行的基石,在保障航空安全运行上扮演着极其重要的角色,是航空器安全、正常运行的有力保障。

保障安全的同时,空管行业还需兼顾效率这一重要因素。由于飞行流量分布不均,导致飞行流量大的地区有时发生航班延误,空域拥堵与航班高峰时刻空域紧张的问题越来越突出。随着航空器数量和飞行流量的不断增加,机场承载的空中交通压力不断增加,地面滑行延误的增多,必然会造成航空运输产业的经济损失,空管运行效率将面临更大的挑战。目前,我国的流量管理服务一直处于滞后、低效的状态,空管系统具有的不确定性和复杂性基本特征与飞行流量高速增长之间的矛盾日益加剧。流量管理尚未实现系统化,在机场、终端区及航路交叉点等区域出现了拥挤和飞行冲突等情况,形成了空中交通网络的"瓶颈",直接引起航空器起飞前的延误等待,航空器飞行过程中出现改航、偏航、返航、备降等,从而给飞行安全带来不利影响,同时也增加了航空器燃料消耗,使得经济效益受损。因此,要通过提升空管运行单位管理水平,完善空管行业管理体制机制,增强空管设施设备规模,优化空管单位专业技术人员结构,切实提高空管运行效率。

二、目标约束多,工作负担重

空管是国家综合交通运输、应急保障和空防的重要组成部分,是保障军事航空、公共运输航空和通用航空发展的基础。空管建设可以有力支撑国家空管发展战略,使军民航飞行更为和谐顺畅。空管与空防,从信息获取处理到对空指挥是分工不同的一个整体。空防负责监视空情,判断处理空中来犯之敌,运用空情探测系统和防空兵力保护国家领空安全。空管负责对所辖空域内航空器的飞行活动实施统一管理、监督和控制,运用信息处理手段,调动各种空管资源保障航空器运行安全、有序和高效。

保障飞行安全是空管的基本工作。我国空管系统每天都有几千名管制员和大量的保障人员在一线对飞行活动实施动态管理。空管人员的工作受天气、空域、飞机性能以及所承担的飞行任务(如抗震救灾优先保障)约束。空管人员不仅要面对公共运输航空、军事航空和通用航空等飞行活动,还要面对人工影响天气、炮射等使用空域资源活动的影响,需要空管人员以其娴熟的专业技能协调不同目标的飞行活动。

空管人员多年如一日,认真践行"忠于职守、精于指挥、甘于吃苦、乐于奉献"的空管精神,以一流的工作标准和要求,确保了专机、重要任务、战备训练、公共运输飞行和通用飞行等飞行活动的安全、高效和顺畅,杜绝了因空管原因发生的飞行事故。

三、任务急难险,行业压力大

平时,空管工作的首要职责是保障各种飞行任务的顺利实施和安全,维持空中秩序,解决飞行冲突,防止航空器空中相撞及航空器与地面障碍物相撞。很明显,安全性对空管人员的要求是第一位的。如果不能及时发现和调开飞行冲突,飞行事故可能将在转瞬之间发生,所以对空管人员来说,时效性要求同样非常高。总之,空管人员必须在有限的时间内对所管辖的航空器发出及时而正确的指令,切实做到万无一失,才能完成好工作任务。要完成这样庞杂而艰巨的任务,空管人员必将承受超强的压力。空管人员必须严密掌握空中动态,对区域内的飞行活动实施全程监控,所以他们的投入度极高,几乎是全力以赴。目前,大多数民航空管单位按照民航局空管局的要求,加强岗位值班力量,保证飞行安全,要求空管岗位严格执行"双岗制",即每一管制席位在值班时间内不得少于两名正式空管人员,其中一名负责管制指挥,另一名负责管制协调。管制指挥和管制协调是统一的整体,分工合作、密切配合。另外,高速度、高密度的飞行流量和有限的空域资源,给飞行安全带来了严峻的考验,使空管人员产生极大的心理压力。空管人员的高度投入往往会使空管人员注意力过于集中,而高度集中则往往会使其思维狭窄,关注点变得狭小,容易发生飞行冲突就在眼前却"视而不见"的现象,不能及时采取最佳调配措施。

非正常情况下,空管人员除了要具备确保日常指挥工作不出现差错的能力外,还必须具备处置特情的能力。如某一航班上有旅客突发疾病,需要紧急备降,而此时空中的航班很多,要在拥挤的空中为此航班开辟出一条"绿色通道",需要空管人员多方协调。保障一架特情航班,需要空管人员有大局意识、协调方法和指挥技巧。一架特情航班需要不同岗位的空管人员共同联手,分担调配其他航班、协调相关部门和联系地面服务等多项工作。

抢险救灾、医疗救护、航空器故障等情况,对空管人员提出了更高的要求。例如,"汶川特大地震"发生后,空管系统紧急动员,超常保障,迅即成立成都地区救灾空中管制委员会,组建军民航联合管制指挥中心,紧急开辟救灾航路航线,迅速建立了空中生命通道,仅四川地区一个月就保障军民航飞行 16 300 多架次,其中救援飞行 6 500 多架次,民航班机飞行 9 700 多架次,创造了建国以来保障抢险救灾日出动飞机最多、飞行密度最大、空中集结速度最快的历史记录。北京奥运会期间,空管系统紧紧围绕"安全、顺畅、正点、高效"的目标,调整航路航线,划设特殊空域,建立应急机制,严密组织联合管制指挥,安全保障各类飞行 54 万多架次,其中包含了 94 位外国元首和政府首脑的 510 架次专机飞行,空管人员以高度负责的精神和扎实细致的工作,做到了管制指挥零差错、应急响应零失误、系统保障零故障,为实现中央提出的"有特色、高水平"和"平安奥运"目标作出了积极贡献。上海世博会创下了重大活动空管保障历时最久的纪录。围绕实现举办"成功、精彩、难忘"世博会的总体目标,空管系统及时成立联合管制指挥机构,划设各类特殊空域 21 个,新开辟调整航路航线 29 条。在历时 199 天的世博空管保障期间,安全保障各类飞行 53 万多架次,其中专机、包机 1 229 架次,空中安保警巡 420 架次,圆满完成了空管保障任务。

此外,军航空管更加突出空域整体管控能力训练,强调军航空管人员的指挥协调、应急处置、战场管控等能力素质。战时,空管人员还要执行应急作战任务,应急作战是一种特定时期、特定战场、特定环境下进行的作战样式,具有目的上的战略性、任务上的进攻性、时间上的急迫性、空间上的广阔性和行动上的可控性等特点。因而应急作战的空管处置预案,除了包含一般性战时空管计划内容之外,还要求具有针对性和快速反应性,要求军航空管人员和设备"精兵利器"。其中,针对性是指应急作战空管处置预案的程序、空域管理、管制协同、空域监控方法等要体现突然事件发生的天文地理环境、空域环境、运行环境和双方对抗环境的特点,需要具有很强的可操作性。快速反应性是指应急作战空管处置预案中的临战准备时间短,甚至可能在来不及进行临战准备的情况下就要投入使用。管制区域、空中禁区、空中限制区和飞行控制区的划设,航路、航线的调整,空管规定的发布,空管机构与人员设备调配,战场空运、空投和救护方案的编制都要求"快"。"精兵利器"指应急作战空管处置预案中调配和征用的人员要具有空管业务精湛、协调能力强和经验丰富的特点,由这些人员组建空管应急分队和设备应急维修分队;空管设备配置要强调技术先进、充足配套和快速机动性,做到地面固定管制系统、地面机动管制系统和空中管制系统"三位一体"。

四、军民联合强,协同要求严

空管是国家综合交通运输体系的重要组成部分,它既有面向国际的开放特征,又有典型的军民融合特色,空管运行需要军民航的协调和合作。近些年来,我国军民航空管联合运行是空管的显著特征,在空域管理、空管运行、信息共享、协同决策和保障方式等方面,表现得十分突出。军航与民航融合是我国新时代空中交通发展的战略选择,它有利于优化我国空中交通运输资源,提高效益,惠及国防和民生。军民航空管运行适应我国航空事业发展需要,确定了新时代我国军民航空管发展方向。深刻理解和把握军民航融合的思想内涵和精神实质,紧密结合我国国情,立足国家利益全局,针对空管特点,努力在运行机制、法规标准、空域使用、人才培养、空管科研、保障设施等方面,合理优化配置空域资源,加快推进军民航空管联合运行,探索出一条具有中国特色军民融合发展的空管之路。

航空活动主要包括公共运输飞行、军事飞行和通用航空飞行。由于国家层面法律法规的缺失,我国军民航组织飞行活动标准规范存在差异,空管运行主要依托军民航两个体系对空域飞行的航空器实施管制指挥、管制移交、协调通报、调配间隔,分别提供管制服务。为贯彻落实国家空管委关于空管系统建设统一规划的基本方针,应进一步强化军民航融合思想,增强资源共享和集约意识,切实发挥国家建设经费的使用效益;处理好空管系统和空防系统之间的相互关系,立足平战结合,加强对军民航空管设施、设备的整合,减少重复投资建设;注重军民航管制中心业务功能的一致性,抓好军航航管中心升级改造,抓紧完成全国飞行情报联网、空域管理系统和雷达信息传输数字化改造等重点项目建设,大力提升军航空管能力;对军民航新建的雷达、通信、导航等基础设施,做到信息共享、互为备用,切实提高空管设施设备的投资效益;加强军民航空管应急保障体系建设,抓好空管备份、应急系统的总体布局和规划建设,探索军民航互备建设道路,提高突发事件和重大活动空管应急保障能力。

因此,军民互利共融的教育培训体系有利于国家航空体系的科学发展,军民航双方的教育培训应加强交流和合作,只有教育上的密切协同与配合,才能达到空管专业标准的一致性和协调性,才能保证双方空管人员专业知识、专业技能的基本相同。无论是军方还是民方,为达到军民航空管共融的目的,应当相互尊重、达成共识、形成默契,着眼军民航的空域管理、空管运行等方面的整体效能,统筹空管教育发展战略,制定空管教育培训总体目标,融合教育培训资源,实现招生、培训、资格认证、岗位技能等标准的一致性。

五、国际合作广,未来发展好

随着全球经济一体化格局的发展,航空活动也呈现出国际化的趋势。航空运输的全球化,使一个航班可能跨越多个国家,需要若干个空管中心参与管制移交和协调,而空管设施和法规却可能千差万别,各国提供的空管服务水平可能参差不齐。无缝隙的全球化空管系统,要求不同区域的空管服务提供者的安全标准、运行标准、设备标准、服务质量具有一致性,所以空管服务提供者有必要彼此合作,实施网络互联互通,贯彻服务的一致性。这就意味着"可互用、无缝隙和全球化的空管系统"要求空管行业既竞争又合作。

自国际民航组织 20 世纪 80 年代初提出并推动全球实施通信、导航、监视和空管(Communication Navigation Surveillance/Air Traffic Management,CNS/ATM)系统以来,日趋成熟的通信、导航和监视技术为空管的现代化提供了先决条件。为促进空管系统的互用性,实行全球无缝隙的空中交通服务,最终实现自由飞行,国际民航组织航行委员会 1998 年成立了空管运行概念专家组。随着近年来经济全球化步伐的加快,空管的市场化,新技术应用成本的降低,航空企业要求压缩空管投资运行成本的呼声越来越高,空管全球化的发展趋势已势不可挡。国际航空界意识到,有必要将此运行概念扩展到全球范围,在全球范围建立一种全新的一体化、互用和无缝隙的空管运行模式。最终,专家组在原有概念及征求了各地区反馈意见的基础上发展并形成了该运行概念。运行概念是指,通过所有方面协调提供的设施和无缝隙的服务,对空中交通和空域实施安全、经济、高效的动态和一体化管理。运行概念集成了空管系统的7项主要功能:空域组织与管理、机场运行、需求与容量平衡、空中交通同步、空域用户运行、空管服务提供方面的管理和冲突管理。其特点是,以系统安全管理为根本,以提供服务为中心,承认空管是一个环环相扣的运作过程,范围至少是从门到门的全过程,同时强调高效率地利用系统范围信息管理(System Wide Information Management,SWIM)理念支持的各类共享信息实施协同决策(Collaborative Decision Making,CDM)。构成概念的基本要素是:门到门的运行、四维飞行航迹管理、飞行航迹的最小偏离、建立全面安全的管理程序、空管伙伴间的战略和战术协作及将某些管制程序和责任从地面转移到空中,提高航空器的自主飞行能力。

未来全球空管运行模式将发生五个方面的重大变化:一是空管商业化,以国家空管为单位的独立实体将逐步过渡到全球分散的商业模式;二是区域性合作更加密切,原先以国家为单位提高空管运行效率的活动将逐步过渡到以技术合作为内涵的地区性合作,国家间、国家与地区间及地区间的国际合作将越来越重要;三是打破国家地区界限,合并空域,减少管制区和情报区数量;四是实行大区域配套建设、大区域组织运行和集中式系统管理,如欧洲、非洲和美洲地区正在研究或实验"单一天空"计划,欧洲合并了部分国家的高空情报区,并正在酝酿打破国界统一在欧洲地区划设三个大型空管区(ATM area),同时正在按照"ATM2000+"计划推进33个欧洲国家的空管一体化。美国和欧洲正在联手研究北美和欧洲空管一体化的可行性方案,美国FAA内部正在进行空管机构改革,将原来的空中交通服务(Air Traffic Service,ATS)和航路设施部门合并组建了一个新的机构——空中交通服务组织(Air Traffic Orqanization,ATO);五是地区统一化的进程正在加快,通过实施国际民航组织协调确定的欧洲、中东、亚洲喜马拉雅山脉南部航路网、极地航路和缩小垂直间隔(Reduced Vertical Separation Minimum,RVSM),实现相邻地区空管运行机制和服务方式的统一。

第二节 空管行业的职业要求

职业要求是对从事某一职业所必备的知识、技术和能力的基本要求。空管是一个神圣的职业,同时也是一个富有挑战性和充满刺激的职业,这项工作关乎到空防安全、国家形象以及人民的生命财产安全,需要从业人员具有崇高的使命感、高度的责任意识、严格的组织纪律性、严谨的工作作风、良好的团队精神、优秀的身心素质。因此,在选拔从业人员时需要从职业精神、专业理论、专业技术、身心素质和人文素养等方面进行考察,将一批具有较高人文及科学素养、社会责任感和职业道德的优秀人才吸纳到空管队伍中来。

一、高尚的职业精神

空管是国家综合运输体系、空防体系和应急体系的重要组成部分,是航空事业发展的重要基础。空管系统既是"天路"的建设者,又是空域的管理者,更是空中交通安全顺畅的守护者,担负着规划管理国家空域资源,建设空域及航路航线保障设施,组织实施对空监视和管制指挥,维护空中交通秩序并提供管制服务等神圣使命。正是由于其使命任务的特殊性和工作依据的强制性,才孕育出具有鲜明行业特色和时代特征的空管精神理念:忠于职守、精于指挥、乐于奉献、勇于创新。

"忠于职守"是精髓。忠于职守就是要忠诚于党、忠诚于国家、忠诚于人民、忠诚于空管事业。忠诚于党就是坚持党的绝对领导,保证正确的政治方向;忠诚于国家,就是牢记使命,维护国家主权和利益;忠诚于人民,就是热爱人民、服务人民,牢记人民利益高于一切;忠诚于空管事业,就是要扎根空管、建设空管、献身空管,将个人发展、价值实现与空管事业发展紧密结合起来。

"精于指挥"是关键。精于指挥是空管人对使命责任的内化,是爱岗敬业的追求,是精湛技能的完美体现。精于指挥源于高尚的职业操守和精湛的专业技能,包含着"精、准、细、严、实"的职业标准。

"乐于奉献"是基石。乐于奉献是一种高尚的品德,是无声无息地、积极地为他人、为集体、为社会做出有益的事情。乐于奉献又是一种责任,是一种主动的、自觉的、真诚的、发自内心的积极行为。空管工作常常是幕后工作,更多时候体现的是"潜绩",而看不到"显绩"。这就需要空管人应当始终具备甘居幕后、乐当人梯、默默无闻、任劳任怨的奉献精神。

"勇于创新"是动力。勇于创新是空管精神的时代写照,是推动我国空管事业发展的不竭动力。需要我们以先进的技术,不断开辟空管系统自主创新的道路;以追求卓越的勇气和科学的方法,实现空管安全运行;以通达全球、通贯全域的开放胸怀,与国际标准接轨,学习借鉴发达国家的先进经验;以广博的知识和高超的技能,设计空中"立交桥",铺设通天之路,推动航空事业又好又快发展。

二、扎实的专业理论

空管是一项专业性极强的工作,对于从事这项工作的空管人员,专业理论知识必须达到相应要求,其工作性质要求在有限的时间内完成对航空器、机场、航路(线)和天气等不断变化信息的搜集及处理,以保证实施正确的管制指挥。因此,在基础教育过程中,他们除了要掌握数学、物理、外语、计算机、气象、地理、心理学、逻辑学等基础知识,还应当精通和应用空管专业方面的知识。特别是军航空管人员,还需要掌握军兵种知识、战时空管、作战理论、参谋业务、军事高科技知识、空军作战指挥等军事基础知识,才能适应军航空管岗位的实际需求。

空管工作不仅对空管人员有较高的要求,设施设备的性能、应用技术的水平与决策系统的功能也决定了工作质量。随着科学技术的发展,雷达管制方式应运而生,而传统的程序管制方式成为了雷达管制方式的补充,自动相关监视技术补充了传统的雷达监视技术,数据链通信拓展了通信方式,基于性能导航增加了航路航线飞行、终端区飞行的灵活性,空域灵活使用提升了空域利用率,高度融合的空管自动化系统极大的提升了人工决策系统效能。高度网络化和集成化的战略流量管理取代了独立、分散的战术流量控制。协同决策系统实现了空管、机场、航空公司资源的高度共享和利用。空管人员从以前的空管战术调节者逐步向战略管理者转变。因此,空管人员的能力水平也有了新的要求:掌握从事工程工作所需的相关数学、自然科学以及经济和管理知识;具有工程基础知识和本专业的基本理论知识,系统的工程实践学习经历;了解本专业的前沿发展现状和趋势;具备设计和实施工程实验的能力,并能够对实验结果进行分析;具有追求创新的态度和意识,综合运用理论和技术手段设计系统和过程的能力;掌握文献检索、资料查询及运用现代信息技术获取相关信息的基本方法;了解方针、政策和法律法规,能正确认识工程对于客观世界和社会的影响;具备一定的组织管理能力、语言表达能力和人际交往能力以及在团队中发挥作用的能力;具备不断学习和适应发展的能力;具备国际视野和跨文化的交流、竞争与合作能力。

三、娴熟的专业技术

作为一名成熟的空管人员不仅需要扎实的专业知识和娴熟的操作技能,还需要良好的工作态度,要能与班组人员密切合作,发挥团队协作精神,即集知识、技能和态度(KSA,Knowledge,Skill and Attitude)于一体。

因此,一名合格的空管人员应当具有以下综合能力:一是评估决策能力,空管人员通过比较不同来源的信息得出结论,运用有效的方法来选择管制方案,采取行动来应对空管运行工作中的现实、限制和可能的结果;二是情绪控制能力,是对个体和群体的情绪感知、控制、调节的能力,是空管人员在工作中对情绪的自觉意识,是自我激励、自我完善的一种能力;三是应变创造能力,人在外界事物发生改变时,所做出的反应,可能是本能的,也可能是经过大量思考后所做出的决策,空管人员能在空中交通态势和其他状况的变化中产生应对的创意和策略,能够做到审时度势和随机应变;四是语言表达能力,是空管人员在工作中应当用词准确、语意明白、结构合理、语句简洁、合乎规范,能把需要传达的信息表述得清晰、准确、连贯、得体;五是精力分配能力,是空管人员在应对长时间、高强度的空管指挥工作时,需要将有限的精力按照轻重缓急的原则进行合理分配;六是预测统筹能力,是指洞察事物、工作谋划、整合协调和创造性思维等方面的能力,需要空管人员充分利用各种资源、顾全大局、制定健全的空管方案;七是沟通协调能力,是空管人员将各种资源、各种关系、各种因素、各个环节整合起来,达到空管组织目标,完成预定任务的能力;八是立体感知能力,是空管人员在工作中要具备立体视觉和空间立体思维能力,通过对航空器空间位置的捕捉、观察和想象,建立航空器的空间位置图的能力;九是记忆和心算能力,是指空管人员对信息进行加工、编码、保持和记忆,并对相关信息进行简单估算或仔细计算的能力,需要空管人员工作时聚精会神、专心致志,排除杂念和外界干扰,必要时需结合多种方式手段;十是情景意识能力,指空管人员在信息处理过程中,通过理解和判断,精确的感知空管环境的变化和对空管未来发展的预知、预判能力,需要空管人员工作时积极的询问和评价,必要时采取果断行动,连续不断对情境进行分析与监控。

另外,军航空管人员还应具备非战争军事行动的空管保障指挥技能(野外执行直升机起降、空投、救援等管制指挥)、战时航空管制保障指挥技能等。特别是要强调协调技能,这是一名参与作战的管制参谋应具备的基本技能,主要包括内部协调和外部协调:内部协调,包括机关内部工作协调,本部各处室之间的工作协调及其与下级、友邻单位及其他军兵种之间的工作协调,值班席位之间的工作协调,与战术指挥机构单位的协调等。外部协调,包括与民航有关部门的协调(飞行指挥协调、空域使用协调、军事行动协调、非战争军事行动协调),与地方有关单位、部门之间的工作协调。

四、过硬的身心素质

身体心理素质是空管人员各项素质的基础。主要包括以下内容:能胜任管制指挥任务的所有身体条件,即体力、体能必须能够适应长期管制指挥的劳动强度,没有任何传染病或者身体缺陷,尽量无手术创伤,心肺功能正常,无任何呼吸系统疾病,身体各项健康指标达到空管行业的标准要求;职业倾向性、情绪控制能力、心理抗压能力、自律性等心理素质达到要求。

随着各种新技术的日新月异,特别是空管自动化设备使用,由于通信、导航、雷达设备等系统硬件问题造成的事故和事故症候的所占比例呈下降趋势,而由于管制人员的失误造成的事故呈上升趋势。人为差错从占航空事故的 20％上升到 80％,已经成为影响航空安全的重要原因。例如,2002 年 7 月 1 日发生在瑞士的两机空中相撞事故,导致了 71 人丧生;2006 年 9 月 29 日发生在巴西的两机空中相撞事故,导致了 154 人丧生;2008 年 11 月 22 日上海管制区域发生的两架航空器的冲突事件。究其根源,事故都是由空管人员失误引发的,这说明空管人员人为差错是影响飞行安全的不容忽视的关键因素,也是空管不安全事件和事故的主要原因。这些安全事故说明空管工作对飞行安全的重大影响,空管人员的一点失误都可能引发严重的后果,所以说空管工作责任重大,失误若没有得到及时纠正,可能会危及数百人的生命安全,造成重大经济损失,且管制失误造成的损失往往是不可挽回的。

研究发现,个人问题引起的工作状态不佳是大多数人为差错发生的原因。空管人员工作时需要长时间保持注意力的高度集中,工作负荷大且长时间处于高度压力下执行较为单调的工作任务,不少空管人员会出现力不从心、工作积极性降低、缺乏工作激情、工作满意度降低、产生工作倦怠情绪等问题,影响空管人员的个人状态,最终可能导致空管人员的人为失误的产生。每个空管人员在高峰时期要同时面对十几架航空器,调配航线、高度、间隔,工作强度很大。特别是军航空管人员,需要参与高节奏快反应的现代战争、突发事件应急处置等急难险重任务,管制业务压力和协调工作强度大,需要超强的身体抗负荷能力和过硬的心理承受能力。这种特殊性容易使空管人员产生倦怠、烦躁、疑虑等不良情绪。因此,空管人员不仅要具有健康的体魄,还应当具备良好的心理素质,即坚定自信而不盲目蛮干,细心谨慎而不粗心大意,机智果断而不优柔寡断。此外,空管人员还要培养自我概念,增强自我调节的能力,在工作中保持愉快的心情和工作热情,调整工作期望,快速调节自己的负面情绪,提高工作绩效,不断取得职业发展,进而防止职业倦怠的产生。

五、深厚的人文素养

人文素养的培养起始于人性的自觉,注重品德的培养,注重人的心灵自悟、陶冶情操,着眼于情感的潜移默化。良好的人文素养表现为:追求崇高的理想和优秀道德情操,向往和塑造健全完美的人格,热爱和追求真理,严谨、求实的科学精神,儒雅的风度气质等。在空管文化建设中应用人文学科的基础理论,对于增强空管人的政治责任感,激发工作热情,强化创新意识,培养协作精神,促进空管文化建设的科学推进和空管人员的全面发展具有重要意义。

空管关系到我国的空防安全和经济发展,因此只有具备很高的思想政治素质、崇高的使命感、高度的责任意识才能成为一名合格的空管从业人员。空管人员要对党绝对忠诚,具有高尚的思想政治觉悟和坚定不移的政治信念,在任何情况下,应该以国家和集体的利益为重。空管学员一般比较年轻,思想活跃,有创新精神,因此要有针对性地来加强教育,调动他们的工作积极性、培养学习兴趣、肯定个人价值、铸造激情、逐步树立主人翁意识,加强品质品德教育,培育热爱空管事业情怀。思想教育工作要有预见性和超前性,及时引导他们明辨是非,树立正确的人生观、价值观,把不正确的、消极的思想消灭在萌芽状态,树立为空管事业争光、实现自己人生价值的自豪感。

空管人员必须熟悉国内外法律、法规、部门规章、规范性文件及标准。由于空管工作事关领空安全和飞行安全,且责任重大,空管活动应以航空法律法规和相关军事法规为依据,以规章、规范文件为准绳,以充分利用空域资源、加强各类航空活动科学管理为出发点,为空防安全和飞行活动的安全、有序、高效运行提供重要保障。

第三节　空管行业对空管教育的目标要求

一、对军航空管教育的目标要求

军航空管作为作战指挥系统的一个重要组成部分,在空防安全和空中作战中有不可替代的地位和作用。因此,在军航空管教育中,要突出鲜明的军事特点,以新时代军事训练需求为原动力,以打赢信息化战争为出发点和归宿,树立高层次、高水平、综合性的目标价值取向。军航空管教育更加突出空域整体管控能力训练,强调受教育对象的指挥协调、应急处置、战场管控等能力素质。军航空管教育的训练重点在强化空域管控协调能力。军航空管人员培养,在专业上形成了以日常航空运行管理、空域管理、流量管理、空管法规标准和战场管控为主体的一体化培训模式;在培训层次上,实现了本科、研究生学历教育和任职培训、各类在职培训的有机结合。

二、对民航空管教育的目标要求

民航业是我国经济社会发展重要的战略产业。改革开放以来,我国民航业快速发展,行业规模不断扩大,服务能力逐步提升,安全水平显著提高,为我国改革开放和社会主义现代化建设做出了突出贡献。民航空管是通信、导航、监视、运行控制和信息综合服务等方面的高新技术最先实施应用的行业之一。适应空管新技术、新知识发展需要,加强工程实践能力培养,把好人才培养的"入口关"和"出口关",提高学员的岗位适应性是民航空管人才培养的根本要求;建立完善的空管人才培养机制,加强职业生涯规划,加快培养成熟空管人员以及流量管理、空域规划等领域专业人才,是空管教育面临的主要任务。民航空管教育的各项工作要始终以满足民航业持续发展对空管人才的迫切需求为导向,以提高空管学习者的工程能力和综合素质为根本,以师资队伍建设为抓手,深入推进工程教育教学改革,积极探索符合国际化发展趋势的人才培养模式和途径。将民航空管学习者培养成为熟悉国内外专业发展动态,具有航空安全意识、较强实践和创新能力、严实作风和协作精神,符合高技能、高技术、高素质、国际化、规范化的工程技术及管理人才[①]。

三、对军民航空管教育的共同要求

纵观世界空管的发展史,空管活动经历了程序管制、雷达管制和以计算机技术为核心的自动化管制等阶段,并将随着通信、导航和监视等先进技术的应用,进入以星基系统为主体的新空管阶段。但无论空管处于哪一个阶段,不管是战时还是平时,也不管是军航还是民航,亦或管制方式和手段是先进还是落后,航空管制基本活动的过程都离不开掌握飞行情报、监督飞行活动、进行航空管制协调、实施飞行指挥、调配飞行冲突这五个环节,也是航空管制活动的中心内容。为空管活动服务的空管教育必须符合这一发展规律。

近年来,我国空管教育正按照国家教育体制改革要求,统一了思想,明确了任务,创新了机

---

① 　选自《中国民航大学交通运输专业工程认证自评报告》主报告,20121009

制。空军针对空管教育工作发布了重要指示,加强了教育培训的制度和法规建设,民航局空管局制定了《关于加强空中交通管制培训工作的意见》等相关文件和规定。军民航在空管基础教育和在职教育两方面取得了长足进步,空管教育正持续、健康、协调地发展。

从国家需求和军队建设需求出发,为了提高空管服务保障水平,更好适应空防和空管安全的需要,我国应加强军民航协调,建立军民航空管联合运行机制。因此,对军民航空管教育也提出了新的要求:整合军民航空管教育资源,理顺空管教育内外关系,加强军民航协作,做好空管教育管理、教育研究,实现军民航空管教育体系的高度融合。近期,推进空管教育改革,依托军民空管教育资源,建立军民航联合办学机制、军民航管制员交叉培训机制,重点培养研究生以上学历的复合型空管人才,夯实空管发展基础,满足联合运行需要。远期,推行军民航统一空管教育体制,建立统一的军民航空管教育机构,培养适应未来军民航发展的空管人才。

第三章　空管教育发展历程与现状

1949 年新中国成立以来,我国空管人员的教育培训事业的发展经历了从无到有,从培训形式单一到 20 世纪 80 年代军、民航各自具备完整体系的发展过程。"积跬步,以致千里",改革开放 40 多年来,我国军民航空管教育得到了长足的发展。目前,我国空管人员的教育培训体系主要包括军、民航两大系统。由于二者任务的不同、使命的差异及责任的区分,我国军民航教育培训现状各有特点,各自具有一套完整的教育培训体系,为整个军民航的快速发展起到了非常重要的作用。

当前,我国正在进入中华民族伟大复兴的新时代,国内外形势的变化给我国空管提供了发展的新机遇和新挑战,呼唤着我国空管加速发展的步伐。在这发展的重要时刻,着眼国家发展总体战略的迫切需要,适应国际空管的发展趋势,高瞻远瞩,审时度势,直面我国空管的发展需求和存在的矛盾问题,不失时机地研究和提出我国空管发展战略,统领我国空管抓住机遇、迎接挑战、突破难题、加快发展、实现历史性的跨越,具有非常重要的意义。

第一节　我国空管教育发展历程与现状

我国从 20 世纪 50 年代就开始了对空管人员进行专业教育培训,目前在军队和地方的四所大学(空军工程大学、中国民航大学、南京航空航天大学、中国民用航空飞行学院)成立了培养空管人员的学院,为空管系统输送专业人才。"十二五"期间,四所大学共培养输出空管专业本科生 7 402 名、研究生 449 名,在职培训空管人员和行政干部 6 722 名。军队和地方相关院校为空管系统培养了大量的专业技术和保障人员,源源不断的人才输出为空管事业持续健康发展提供了有力的人才支撑。

一、军航主导阶段(1979 年以前)

1979 年之前,我国的空管及空管教育的发展是由空军组织实施的,并以防空作战为主体需求展开。

1949 年 3 月 30 日,中国人民革命军事委员会成立军委航空局,直属军委领导,统一领导全国航空事业,为创建人民空军做准备。同年 5 月,航空局在调整机构编制时,鉴于工作需要,经聂荣臻副总参谋长批准,增设了航行管理处。同期在华北、华东、西北军区航空处设立航行机构,在军用机场和军民合用机场建立了航空管制机构。同年 11 月 2 日,中央政治局会议作出决定,在人民革命军事委员会下设民用航空局,受空军司令部指导,负责管理民用航空事业。

1950 年 11 月 1 日,中央人民政府人民革命军事委员会主席毛泽东发布命令,颁布了《中华人民共和国飞行基本规则》;1951 年 4 月 13 日,中央人民政府人民革命军事委员会颁布了《航空管制令》。这些航空法规明确规定,空军和民航的飞机飞行,均须向空军司令部或军区空军司令部申请,经批准后方可实施。

在这个时期,军民航空管人员的教育与培训由空军统一组织实施,空管教育的主要培养对象是程序空管人员,其培训机构有空军的各级教导大队、空军第一高级专科学校、空军第十六航空学校航行调度大队(原名空军第十六航空学校航行调度训练大队,后相继更名为飞行管制训练大队、飞行管制大队、空军领航学院飞行管制系、空军第十六飞行学院飞行管制系、空军第二飞行学院西安分院飞行管制系、空军第二飞行学院飞行管制系,2005 年与空军空中交通管制人员培训中心合并为空军航空管制系)、空军第十四航校。其中,1970 年 12 月 1 日组建的空军第十六航空学校航行调度大队是军民航管制人员培养的主要机构,从 1971 至 2004 年共为空军、海军、民航、三机部培养飞行管制学员 3722 名(其中大学本科 1794 名,大专 730 名,中专 1199 名,代培民航空管人员 66 名,函授飞行管制大专、本科 920 名),学员培养层次由最初的初级、单一、短期培训班逐渐发展为中高级、培训项目多、中长期的培训班。培训的主要项目有航行参谋学习班、指挥调度班、调度英语训练班、指挥调度干部班、领航资料员班、英语报务班等,空管人员培训初具规模。

二、军民航并行阶段(1979—1993 年)

1979 年,中国民航大学(原中国民用航空专科学校)开设了航行管制专业,学制三年,开始了民航空管人员系统化的教育模式,是民航最初培养空管人员的院校。与此同时,空管教育与培训协同前进,空管人员教育培训走向正轨,开启了军民航空管教育并行的新阶段。

党的十一届三中全会开辟了中国改革开放的新时期。经济建设的快速发展和对外开放政策的实施,推动了我国航空交通运输的持续增长,使得原有空管运行体制模式不适应发展需要的矛盾问题更显突出。

1980 年 3 月 5 日,国务院、中央军委通知决定民航总局从 1980 年 3 月 15 日起不再归空军代管,除航行管制外的其他工作向国务院请示报告。民航进行体制改革,归国务院直接领导,走企业化道路;扩大对外开放,保持快速发展;加强基础建设和教育培训;狠抓安全和服务工作。

1986 年成立了国务院、中央军委空中交通管制委员会,领导全国的飞行管制工作,全面进行航空管制体制改革,加快航空管制系统工程建设,在全国范围内探索实施新的航空管制方式。

民航脱离空军序列后,则由军、民航按照各自的需求,分别组织培训自己所需的空管人员。军航依托空军第十六航空学校航行调度大队(1982 年 12 月 14 日改称空军第十六航空学校飞行管制训练大队,1986 年 10 月 8 日改称空军领航学院飞行管制系)培训空管人员,招生对象为经全国统一高考录取的应届高中毕业生、经考核批准转学本专业的飞行学院停飞学员、地方大学毕业的本科生、经军队系统招生考试录取的部队战士和有一定实际航空管制工作经验的在职飞行空管人员。

三、军民航联合阶段（1993 年至今）

（一）空管教育体制改革

1993 年，《国务院、中央军委批转〈空中交通管制考察团关于出国考察空管体制情况报告及对我国空管体制改革意见请示〉的通知》（国发〔1993〕67 号），确定了我国空管体制向"国家统一管制"方向发展的原则，提出了空管体制改革分三步走的战略设想。第一步是将"京一广一深"航路交由民航管制指挥；第二步是将全国大部分航路交由民航管制指挥，形成在国家空管委统一领导下，民航和军航分别对航路内外提供管制服务的空管体制，确保"一个空域内，一家管制指挥"；第三步是最终实现国家对空域的统一管制。

依据这一战略部署，在国家空管委的领导下，我国于 1994 年和 2000 年分别完成了空管体制第一、第二步改革，将全国航路、航线内空域移交民航管制指挥，航路、航线外空域由空军管制指挥，实现了一个空域由一家指挥的管制格局，为进一步改革和发展提供了制度架构建设的基础和有益的经验。

为适应国家发展需要和伴随国家空管体制改革进程，军、民航空管运行部门也分别进行了内部体制改革。

1993 年，空军正式开始雷达空管人员的培养。从此，军队空管上升至新阶段，与民航空管有效对接，加强了与民航空管教育的合作交流，逐步与国际空管教育培训接轨。军航培养航空管制人才的主要机构是空军领航学院飞行管制系（后相继改称为空军第十六飞行学院飞行管制系、空军第二飞行学院西安分院飞行管制系、空军第二飞行学院飞行管制系，2005 年与空军空中交通管制人员培训中心合并为空军航空管制系，2012 年 4 月在空军航空管制系与空军第二飞行学院预警指挥引导系合并组建空军工程大学空管领航学院），主要承担管制指挥、空管技术、地面领航的生长干部培养、在职干部短期培训和士官培养，并承担交通运输工程、控制科学工程、军队指挥学等专业的多个研究方向的研究生教育任务。设有社科人文、军事基础、数理、外语、信息、专业基础、专业方向、岗位任职等课程和综合实践教学环节，具有较强的科研与开发能力，是全军唯一成建制培养航空管制、地面领航、空管装备维修人才的教学单位。目前，军航除了空管领航学院外，陆军、海军航空兵也有承担小规模人才培养的教研室和教学组。

民航则主要由中国民航大学、南京航空航天大学民航学院和中国民用航空飞行学院等院校承担空管人员的基础教育。民航系统的空管专业培训机构为隶属于大学（或学院）的二级学院，主要负责民航空中交通管制、航空情报、航务签派、通信导航等专业人才的培养。国家在二十世纪九十年代对专业分类调整合并后，将空中交通管理归类为交通运输专业，包括三个专业方向，即空中交通管理、飞行签派和航空情报。

空管委根据军民航空管联合运行需要，分别在北京航空航天大学、中国民航大学和南京航空航天大学，组织开办了 3 期 100 名军民航一线空管人员和技术人员参加的硕士研究班，初步建立了军民航空管联合培养人才机制，为空管系统输送了一批素质较高，掌握空管新技术的人才。

（二）空管教育机构发展现状

为适应未来信息化作战需求，军航空管教育发生了巨大变化。之前，军航教育机构体制不顺、空管教学组织与管理不规范、培训层次和规模偏低等因素直接制约了军航空管教育的发展。在 2005 年组建了空军工程大学航空管制系,理顺了教育模式,整合了师资力量和教学设备资源,教学规模和质量明显得到了提高。

1. 军航空管教育机构

2012 年 4 月按照中央军委的命令由空军航空管制系和原空军第二飞行学院预警指挥引导系合并组建成立了空军工程大学空管领航学院。2017 年经过优化后,学院设管制指挥、塔台指挥调配、空域管理等 5 个教研室和 1 个中心,以及学员管理大队。学院是全国最早、全军唯一培养航空管制、地面指挥引导、空管装备维修领域复合型军官的成建制教学单位。建有国家空管防相撞技术重点实验室、程序管制实验室、雷达管制实验室、航空管制值班实验室、塔台飞行指挥模拟训练中心、飞行模拟中心、航行情报中心、空域管理训练实验室、空管通信导航监视实验室、无人机空域规划与管理实验室、空域设计与规划实验室等。航空管制与领航工程专业入选全军重点建设专业、军队一流培育专业和陕西省"双一流"培育专业。学院文化积淀厚重,"忠诚于党、矢志空天、笃学求真、报效国家、多谋果断、敢于胜利"成为普遍价值追求。

千年古都西安,在孕育半坡文明的浐河之滨、现代气息浓厚的浐灞生态园,坐落着一所庄严的军营、美丽的学府——空军工程大学。学校为全国重点大学,入选全军"重点建设"院校和陕西省"国内双一流"建设院校,是空军专业技术最高学府。

大学于 1999 年 7 月由原空军工程学院(1959 年创建)、导弹学院(1958 年创建)和电讯工程学院(1957 年创建)合并组建(正军级),2004 年组建理学院,2012 年新增空管领航学院、装备管理与安全工程学院,以及航空军事情报、机场建筑工程、无人机运用工程、外训、机要等 5 个直属系;2017 年 7 月,以原空军工程大学和空军第一航空学院(1951 年创建)为基础,调整组建新的空军工程大学。60 多年来,为部队培养了 40 余万名优秀军事人才,其中有 2 名院士,120 余名共和国将军。

大学是多兵种专业类高等教育院校,主要面向空军航空兵(航空机务、机场建设)、地空导弹兵、通信兵、空管领航系统培养指挥与技术军官和部分专业士官,主体培训任务集中在陕西西安,航空装备保障士官培训任务由航空机务士官学校(河南信阳)承担。大学是空军主要兵种战技勤保障和作战运用新型军事人才的培养基地、军事理论和科技发展的创新基地、新型战斗力生成和提升的支撑基地,在传承创新空军主干兵种先进军事文化、促进对外合作交流等方面发挥积极作用。

大学内设航空工程学院、防空反导学院、信息与导航学院、研究生院、航空机务士官学校 5 所正师级学院(校),空管领航学院、装备管理与无人机工程学院 2 所副师级学院,以及基础部、军政基础系 2 个不定等级教学单位,形成了"六院一校一部一系"的总体布局。大学共 5 个校区,分布在陕、豫两省,占地 10 300 亩。拥有先进的教学科研设施和完善的公共服务体系。建有西北高校中功能最先进的室内综合训练馆、图书馆总面积 4.35 万平方米、阅览座位 4 800余个,拥有完备的作战飞机、地空导弹、通信导航、航空管制等实习训练场所,以及 29 个校外实习基地。学校环境优美,是全国"绿化模范单位"和全军"生态营区"。学校拥有 2 个国家重点学科、5 个军队重点学科,10 个军队"2110 工程"三期重点建设学科专业领域,6 个空军空天学科重点建设领域,8 个博士后科研流动站,11 个一级学科博士和 17 个一级学科硕士学位授权点,涵盖工、军、管、理 4 个学科门类,15 个专业学位硕士授权领域,覆盖工程、管理、军事、翻译 4 种学位类型,28 个本科专业(方向),建有 1 个国防科技重点实验室、6 个军队重点实验室、3 个国家级实验教学示范中心。拥有院士 1 名、国家教学名师 1 名、全国模范教师 1 名,全国全军优秀教师和省级教学名师 45 名,百千万人才工程国家级人选 6 名,求是奖获得者 5 名,享受政府特殊津贴 31 名,全军科技领军和拔尖人才及培养对象 30 名、军队院校育才金奖获得者 37 名,空军级专家 40 名。1999 年建校以来,获得国家级教学成果奖 7 项,军队级 67 项;共获国家、军队级科技奖励 791 项,其中国家科技进步特等奖 1 项,一、二等奖 12 项,国家技术发明二等奖 3 项,军队和省部级科技进步一等奖 65 项;拥有 6 门国家和 25 门军队(省)级精品优质课程;学员先后获全国优秀博士学位论文 3 篇、提名 3 篇,军队(省)级以上优秀博士、硕士学位论文 130 余篇;高水平学术论文数量以年均 20% 以上的速度增长;学员每年参加学科竞赛获省部级以上奖励 1300 余项,等级数量居全军院校前列,多次斩获国际级比赛桂冠;在国家空天安全、太空军事战略等领域取得了一批军事理论成果,先后被评为空军"十一五"军内科研先进单位、"十二五"空军重点型号研制管理先进单位。

2.民航空管教育机构

民航空管教育机构包括中国民航大学、南京航空航天大学、中国民用航空飞行学院等。

(1)中国民航大学。中国民航大学是中国民用航空局直属的一所以培养民航高级工程技术和管理人才为主的高等学府,是中国民用航空局、天津市人民政府、教育部共建高校。

学校的前身是 1951 年 9 月成立的军委民航局第二民用航空学校,由毛泽东主席亲自任命方槐将军为校长,周恩来总理亲自选定校址。1981 年更名为中国民用航空学院,2006 年 5 月 30 日,更名为中国民航大学。

学校校区呈"一校四区"的分布格局:包括天津校本部校区、天津宁河新校区、辽宁朝阳校区和内蒙古扎兰屯校区。校本部坐落于天津滨海国际机场旁,分为南北两个校区,占地 1695 亩,建筑面积 56 万平方米;在辽宁省朝阳市和内蒙古扎兰屯市分别建设了朝阳飞行学院和内蒙古飞行学院 2 个飞行训练学院,并将在天津市宁河区建设新校区。

学校拥有国家级实验教学示范中心 2 个,国家级虚拟仿真实验中心 1 个,全国示范性工程专业学位研究生联合培养基地 1 个,国家级工程实践教育中心 1 个,天津市级实验教学示范中心 9 个,天津市级虚拟仿真实验中心 2 个。学校拥有各类教学训练飞机 70 架,机务维修实习飞机 22 架,各类训练模拟机器 116 套,各类飞机发动机 59 台。学校图书馆现有馆藏纸质图书 208 万册,电子图书 291 万册,数据库 96 个,与国际知名航空制造企业合作共建了空客、波音、赛峰资料室,开通了波音在线、空客在线网站,可直接访问国外相关技术资料。

学校拥有工、管、理、经、文、法 6 个学科门类,拥有安全科学与工程一级学科博士授权点,11 个一级学科硕士授权点,6 个专业学位硕士授权点,31 个本科专业,6 个专科专业,学科专业覆盖民航主要业务领域,具有推荐优秀应届本科毕业生免试攻读研究生资格。学校入选天津市"双一流"建设计划,是天津市高水平特色大学建设高校,安全科学与工程入选天津市一流建设学科,航空宇航和交通运输入选天津市特色学科(群)。学校拥有 3 个国家级特色专业、3 个国家级专业综合改革试点专业、4 个教育部卓越工程师教育培养计划专业、5 个天津市卓越工程师教育培养计划专业、9 个天津市品牌专业、8 个天津市特色优势专业建设点、8 个天津市应用型专业建设点,交通运输专业为首个通过教育部工程教育专业认证的航空类交通运输专业,电子信息工程专业为教育部 CDIO(Conceive 构思、Design 设计、Implement 实现、Operate 运作)工程教育模式改革试点专业,中欧航空工程师航空工程研究生层次学科领域加入教育部、天津市卓越计划。学校获得近两届国家级、省部级教学成果奖共计 33 项,其中国家级 2 项、省部级 31 项。

学校更名大学以来,相继承担了国家高技术研究计划(863 计划)重大和重点项目 2 项、子课题 4 项,国家重点基础研究发展计划(973 计划)1 项,国家科技支撑计划项目 2 项,国家重点研发计划项目 1 项,国家自然科学基金项目 262 项,国家软科学 6 项,国家社科基金 8 项。其中,学校牵头承担的国家重点研发计划"广域航空安全监控技术及应用"项目,成为"十三五"期间国家科研体制改革后首批启动的国家重点研发计划项目。

学校大力实施科研平台建设工程,相继获批民航科技创新基础技术研究型科研院所、应用技术开发型科研院所、成果转化枢纽型科研院所、技术政策暨服务智库型科研院所以及基础技术研究基地、应用技术开发基地、创新人才发展基地,获批民航局首批重点实验室 2 个,参与共建民航局首批重点实验室(工程中心)5 个,省部级智库 3 个①。

中国民航大学空中交通管理学院是我国空管人才培养的发源地和主力军,是空管人才培养模式改革的先行者,是空管科学研究的主阵地。学院直接为民航系统各级空管、飞行签派、机场、气象等业务部门服务。学院下设的交通运输专业是国家级特色专业建设点、天津市品牌专业建设点、中国民航局重点建设的特色专业,也是教育部"卓越工程师教育培养计划"试点专业之一,于 2012 年 10 月一次性通过教育部最高等级工程教育专业认证,并于 2018 年再次通过教育部工程教育专业认证,是全国首家通过此认证的航空类交通运输专业。

学院为民航空管一线输送专科生、本科生和研究生共计 1 万多人,培训了空管、签派等各类人员 2 万余人,国内民航系统现有的空中交通管制员、飞行签派员中约 80% 出自此学院,为我国民航事业的快速发展提供了有力的人才保障。

学院现设有三个硕士研究生专业:交通运输规划与管理、交通信息工程及控制、交通运输工程(工程硕士);3 个本科专业:交通运输、交通管理和应用气象学。

学院下设空域规划与航空情报系、管制运行与技术系、飞行运行控制系、航空气象系、空管基地(空管信息与仿真技术系)、飞行签派中心、实验室中心等多个部门。学院拥有"万人计划"科技创新领军人才、科技部中青年科技创新领军人才、民航中青年技术带头人等优秀教师,现有教职工 130 余人,其中 50% 教师有国外培训经历,全部教师均参加过岗位培训,一线岗位执照持有率近 90%。每年聘请大批国内空管、签派等一线教员来校承担多门课程的教学工作;聘请多名外籍教师参与本科教学任务。学院教师曾主持和承担国家重点研发计划、国家 863 项目、国家自然科学基金项目、国家空管委课题、省部级科技攻关项目、省部级自然科学基金项目、民航总局基金项目与横向课题 100 余项。

中国民航大学空管培训中心(空管综合实验室)总建筑面积 30 000 平方米,其中交通运输专业实验室 15 个,面积 9 900 平方米,主要有雷达管制模拟实验室、程序管制模拟实验室、机

---

① 中国民航大学官网——学校简介(https://www.cauc.edu.cn/zhv3/xxgk/xxjj.htm),数据截至 2019 年 5 月

场管制模拟实验室、自动相关监视(ADS,Automatic Dependent Surveillance)模拟实验室、航空情报服务实验室、航空气象实验室、人为因素实验室、飞行观察模拟与领航实验室、空域规划实验室、CBT(Computer Based Training)实验室、飞行计划实验室、飞行性能实验室、航空公司运行管理综合实验室、现场管理实验室、流量管理实验室。正式出版的空管教材有《雷达管制》《程序管制》《机场管制》《空中交通管制员无线电陆空通话》《非常规无线电通话》《交通运输专业英语》《空中交通管理》等①。

(2)南京航空航天大学。南京航空航天大学创建于 1952 年 10 月,是新中国创办的第一批航空高等院校之一。1978 年被国务院确定为全国重点大学;1981 年经国务院批准成为全国首批具有博士学位授予权的高校;1996 年成为国家"211 工程"重点建设高校;2000 年经教育部批准设立研究生院;2011 年,成为"985 工程优势学科创新平台"重点建设高校;2017 年,进入国家"双一流"高校建设序列。学校现隶属于工业和信息化部。2012 年 12 月,工业和信息化部、中国民航局签署协议共建南京航空航天大学。2018 年 12 月,工业和信息化部、教育部、江苏省共建南京航空航天大学。

目前,学校已成为一所以工为主,理工结合,工、理、经、管、文等多学科协调发展,具有航空航天民航特色的研究型大学。学校现设有 16 个学院和 174 个科研机构,建有国家级重点实验室 3 个、省部共建协同创新中心 1 个、国家地方联合工程实验室 1 个、国防科技工业技术研究应用中心 1 个、国家文化产业研究中心 1 个、国家工科基础课程教学基地 2 个、国家级实验教学示范中心 4 个。有本科专业 58 个、硕士一级学科授权点 33 个、博士一级学科授权点 17 个、博士后流动站 16 个。拥有有航空宇航科学与技术、力学等一级学科国家重点学科 2 个,二级学科国家重点学科 9 个,国家重点(培育)学科 2 个,国防特色学科 10 个。

学校现有明故宫和将军路两个校区,占地面积 2 077 亩,建筑面积 114.8 万平方米;2019 年 9 月启用的天目湖校区占地面积 969 亩,规划建筑面积 53 万平方米。学校图书馆收藏 284 万余件印刷型文献、1 166 万余册各类电子型及数字型文献信息资源。现有专任教师 1 845 人,其中高级职称 1 263 人,博士生导师 535 人,院士及双聘院士 11 人,国家"海外高层次人才引进计划"创新人才长期项目入选者 20 人,青年项目入选者 12 人;"长江学者奖励计划"特聘教授 12 人,讲座教授 4 人,青年学者 4 人;国家杰出青年科学基金获得者 11 人,国防科技卓越青年人才基金获得者 3 人,国家优秀青年科学基金获得者 12 人;"国家百千万人才工程"11 人,国家级教学名师 2 人,国家"万人计划"教学名师 3 人,"万人计划"科技创新领军人才 8 人,"万人计划"青年拔尖人才 9 人,国家级、省部级有突出贡献的中青年专家 22 人,入选国家和省部级各类人才计划 600 余人次,享受国务院政府特殊津贴专家 130 人②。

南京航空航天大学民航学院于 1993 年由原中国民航总局和中国航空工业总公司联合创建成立。2002 年,为适应民航事业对飞行人才的需求,学院采用联合办学方式成立飞行学院(挂靠民航学院)。学院是我国唯一具有本科、硕士、博士完整的人才培养和学科专业体系的院校。设有交通运输、飞行技术、飞行器适航技术、土木工程 4 个专业,其中交通运输包含 5 个专

---

① 中国民航大学官网——空中交通管理学院学院简介(https://www.cauc.edu.cn/kgxy2019/),数据更新至 2019 年 09 月 19 日

② 南京航空航天大学官网——学校简介(http://www.nuaa.edu.cn/479/list.htm)

业方向,前三个专业均入选国家卓越工程师教育培养计划。交通运输专业于 2010 年获得国家特色专业建设点,下设 5 个本科专业方向:空中交通管制与签派,民航运输管理,民航机务工程,民航电子电气工程,机场运行与管理。

截至 2019 年,学院现有专任教师 129 人,其中教授 27 人,副教授 55 人,博士生导师 22 人。国务院学位委员会学科评议组成员 2 人,教育部新世纪优秀人才支持计划 1 人,中科院百人计划 1 人,国务院、中央军委空管委专家组成员 2 人,交通运输部专家组成员 2 人,民航局特聘专家 2 人,国家空管委空域评估特聘专家 2 人;江苏省"优青"1 人,省部级优秀教师 4 人,入选江苏省"333"工程 6 人次,入选江苏省"六大人才高峰"4 人,入选江苏省"青蓝工程"学术带头人及优秀青年骨干教师等 10 人次,入选民航局科技创新拔尖人才 4 人次,取得民航行业培训执照者 20 余人;获批民航科技重点领域创新团队 1 个,获批江苏省"六大人才高峰创新团队"1 个。学院注重引聘外籍高层次人才,现有美国工程院院士 1 人,英国皇家工程院院士 1 人,乌克兰工程院院士 1 人,交通运输领域的海外知名高校教授 10 人,外籍教师 3 人。

学院建成了程序管制模拟实验室、雷达管制模拟实验室、陆空对话及空管 CBT 实验室、新航行系统技术与智能交通实验室四个专业实验室,以及空中交通流量管理中心实验室和空域管理与评估实验室两个学科实验室,为教学、科研提供了良好的硬件环境①。

(3)中国民用航空飞行学院。中国民用航空飞行学院直属于中国民用航空局,其前身是 1956 年 5 月经周恩来批准成立,由毛泽东任命军政领导中国民用航空局航空学校。

学校位于成都平原的腹地——四川省广汉市,占地 19 000 多亩,建筑面积 150 多万平方米,学校管理运行 5 个通用及运输航空机场,其中的洛阳和绵阳机场集航班保障和训练于一体,年旅客吞吐量均突破 100 万人次;学校配有奖状、夏延、新舟 600、西门诺尔赛斯纳-172 等 21 种共 400 余架教练机和波音、空客等 40 台全飞行模拟机、固定模拟机和练习器,以及国内高校中最先进的 360 度全视景塔台指挥系统。

学校在理、工、文、管、法、艺等学科门类下形成了一批在国际、国内和民航界有重大影响的品牌专业群和优势学科。学校有 7 门国家级、省级重点专业,有 17 门国家级或省部级精品课程。其中,飞行技术专业是国家级人才培养模式创新实验区,航行实验室为"四川省实验示范中心"。目前,学校开设有 7 个硕士培养点,18 个培养方向和 7 个国际合作项目,开设有 30 个本、专科专业,教学和人才培养覆盖民用航空运输、通用航空各个领域。学校现有教师 1 300 余人,其中具有特级飞行员、教授等高级职称的教师 400 余人②。

中国民用航空飞行学院空中交通管理学院,从 20 世纪 60 年代开始从事民航空中交通管理人才的培养,现已成为专业合理、师资雄厚、设备先进、管理严格、质量可靠的培养民航交通运输领域高层次管理和工程人才的重要基地。

空管学院现有交通运输、导航工程、应用气象三个本科专业和一个交通运输工程研究生专业,在校学生 4 000 余人,其中交通运输专业被列为国家级特色专业。

截至 2019 年,空管学院现有教职工 158 名、其中教授 28 名,副教授 35 名。学院拥有三大创新实验平台:机场规划与管理创新实验中心、空中交通管制创新实验中心和航空运行管理实

---

① 南京航空航天大学招生办官网(http://zs.nuaa.edu.cn/mhwfxxy/list.htm)。
② 中国民用航空飞行学院官网——学校概况(http://www.cafuc.edu.cn)。

验中心;拥有九个实验室:机场全视景塔台管制实验室、雷达管制实验室、程序管制实验室、新航行系统实验室、空中交通规划实验室、机场管理实验室、航空运行控制实验室、航行情报实验室和航空气象实验室。

(三)空管教育层次结构

总结以往历史,可以看出,民航空管教育的发展经历了三个主要阶段:1979 年以前以岗前的短期培训为主,1979 年开始招收首届空管专科学员,1995 年起开始空管专业本科培养模式。

在我国,空管专业的学历教育从属于普通高等教育范畴,分为本科和研究生教育两个层次。四所院校的空管专业以本科教育为主,在校学生经过四年的专业学习,取得交通运输专业的大学本科学历并获得工学学士学位。此外,也有少量的研究生教育,硕士、博士研究生经过学习、研究具备了一定学术水平后,可以取得工学硕士或工学博士学位。空管专业本科学历教育与其他理工类本科教育虽同为基础教育,但空管专业本科教育具有如下特点。

1. 非学历空管教育

1979 年以前,我国的空管教育全部以岗前的短期培训为主,属于非学历空管教育。

1955 年开办调度人员培训班,开始我国空中交通调度(管制)人员的培训。

1970 年起,共开办了多期调度员培训班,为本专业后续开展航行管制专业教学奠定了基础。

2. 专科空管教育

1979 年 9 月,中国民航大学首次面向全国招收高考学员,航行管制为全校首先开设的专科专业之一。1987 年增设航行情报专业,1991 年增设飞行签派专业。

3. "4+1"和"3+1"培养模式

20 世纪 90 年代初正是民航的大发展时期,空管部门明显存在空管人员缺乏的现象,空管系统的发展也明显滞后于民航运输企业发展的需求。由此,国家空管局为了改变这种局面,经过慎重考虑,并借鉴发达国家空管人员培养经验,决定招收"4+1"培养模式学员,以加快空管人员培养的步伐。

所谓"4+1"培养模式,即从应届大学本科毕业生中,经过体检、面试等环节后,把符合空管人员培养要求的学生挑选出来,送往民航所属的两所院校,再进行为期一年的空管专业学习。从 1991 年第一批华东地区"4+1"式的空管人员诞生开始,陆续已有多批具有跨专业、知识面广、基础知识扎实、外语水平高的空管人员产生。这里还包括后来南京航空航天大学通过"3+1"模式培养的空管人员。

这些"4+1"和"3+1"式空管人员走上管制工作岗位,在某种程度上缓解了空管人员不足的问题,解决了空管发展的燃眉之急;同时,他们的知识结构也对空管人员队伍,尤其是对养成班毕业的空管人员造成了很大的冲击;从某种意义上讲,他们的存在优化了空管人员的队伍,提高了空管人员队伍的素质,是对原有空管人员队伍专业单一化的有益补充。在这十年的管制生涯中,这批队伍经得起实践的考验,大多数人已成为管制队伍的骨干,很多人利用自己在本科时学习的第一专业,结合管制工作的特点和实际的管制工作经验,开发出对空管很有价值的项目并为空管事业的发展撰写了多篇学术论文。这些都是"4+1"和"3+1"培养模式成功培养空管人员的最有力说明。当然,由于我们的管理机制和激励机制还存在一定的问题,单位投资很大成本培养的"4+1"式的空管人员流失的也很多,这种现象也引起了空管高层领导的高度重视。

进入 21 世纪,军民航空管院校开始扩大招生规模,"4+1"招生规模逐渐缩小,军民航空管院校开始了更高层次的教育,军民航空管院校开始了空管方向全日制硕士研究生的培养,之后陆续开展了在职硕士、博士研究生的培养。目前,军民航空管院校已经联合开展军民航空管联合运行工程硕士的培养,为实施战略发展目标第三步迈出了实质性一步。

"十二五"以来,针对空管发展的软科学、理论方法、高新技术、工程应用等问题,国家空管委办公室组织了 3 期数十个空管课题的研究,对长期困扰空管发展的若干理论问题进行了探索攻关,攻克了一批空管应用技术,团结发动了全国科技力量投入空管的科技创新活动,从而取得了较圆满的成效。空管委办公室在此基础上,组建了若干个国家空管重点实验室。

第二节　国外空管教育现状

世界各国,特别是一些航空发达国家,都十分重视空管人员的教育培训。美、英、法等国家积累了丰富的经验,形成了比较完善的培养模式和运行机制,主要有学历教育模式、在职培训模式和混合模式。其中,当前航空业发达国家以职业培训模式为主。解析这些国家的空管教育培训理念和经验,对于优化我国空管教育体系,提高空管人员队伍的整体素质,确保空管人员队伍全面、和谐、可持续发展,具有很好的借鉴作用。

一、学历教育模式

国外学历教育的典型代表主要有法国、瑞典和俄罗斯。

(一)法国

法国空管教育体系与我国类似,采用了高等学历教育与职业基础技能培养并行的模式。法国空管人员主要分为两类:军航空管人员和民航空管人员,赴岗位之前的管制学历教育阶段都在法国国立民航大学(ENAC,École Nationale de l'Aviation Civil)进行,军航和民航空管人员学习的基础管制程序与规则是一致的。

1. 空管体制

法国属于欧洲传统航空强国,航空制造业发达。法国空管体制大体分为两个阶段,1946年以前,空管由航空部负责;1946 年法国民航局成立,由其负责民航空管,至此法国国内空中交通管理由民航局和空军共同负责组织与实施,实行军民航协调管制的模式。

民航方面,民用航空局由空中交通局、民用航空安全局、空中航行服务局和总秘书处组成。空中交通局负责民用航空空中航行规则的制定;民用航空安全局负责控制和监督空中安全和安保。空中航行服务局主要负责为民航飞行和执行运输、探测等任务的军事航空飞行提供管制服务。

军航方面,军事空中交通管理局(DIRCAM)负责依照空中军事航空规则管理空中航行。其由海陆空三军人员组成,隶属于空军,与空防和飞行指挥部有机联系。根据国防部的授权,军事空中交通管理局与民航单位密切合作,处理空域使用和管理的相关事宜。其在全国有五个管制中心,负责国土防空、军用空域的管制指挥,包括按照国际民航组织的规则对在军事基地上空飞行的民用航空提供管制服务,并对全国境内的所有飞行活动实施监视,掌握飞行动态。

2.空管人员选拔

法国空管人员选拔主要依据应征者的学习成绩,重点是应征者对航空基础知识、数理和语言文学的考评,此外还必须通过身体状况体检。应征者只要通过一系列书面的和口头的科学、外语和选考科目考试就可以进入航空院校就读。用这种方法招收的管制学员,通过培训后,95%的管制学员成为了合格的空管人员。

(1)选拔程序。法国的空管人员教育体制与其他国家有所不同,一般来说,要进入 ENAC学习,高中生要参加高中会考,成绩优秀者进入科学类预科班学习两年,然后再参加“法国高等工程师学校”入学考试,最后进入 ENAC 学习。法国每年共招收空管人员 180 名左右,一旦被选中,作为学员就享受正式的公务员身份和待遇,因此竞争十分激烈。一般报名和录取比例可达到 10∶1,甚至 20∶1 以上。目前 ENAC 里面的管制学员,大部分都是经过上述选拔方式录取的,约占管制学员的 90% 左右,另外还有一些少量的来自普通大学三年级的优秀学员。除基础理论学科的成绩外,其他的要求主要是身体、视力、心智方面。

(2)测试内容。法国空管人员选拔考试十分严格,理论考试分为笔试和口试两种,只有通过笔试方可参加口试。首先进行笔试,其中数学、物理、法语和英语为笔试必考科目。航空常识、计算机和第二外语作为笔试选考内容。笔试过关后才有资格进入下一轮口试阶段。为了达到充分利用教学资源、节约教育成本、提高教育成果的目的,确定被录取的学员,将会在不同的月份分批进入学校。

3.教育培训机构

ENAC 是法国国内唯一一所培养民航空管人员的学校,培养出来的民航空管人员称为空中交通管理工程师,毕业后拥有工程师资格和相关高等学历。学制安排为 36 个月,10 个模块(如图 3-1 和表 3-1 所示),学员在这段时间内轮换到 ENAC 和各管制单位接受教育,因此,学院和单位各自负责不同模块的教学,共同承担空管人员初始的基础教育和见习培训。此外,各区域管制中心培训部与 ENAC 也共同承担空管人员的在职培训任务。

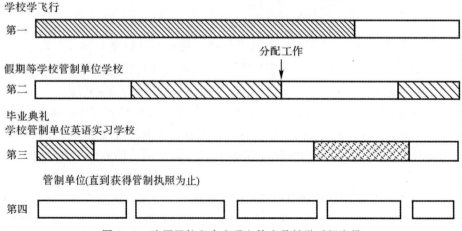

图 3-1 法国民航空中交通空管人员教学时间安排

表 3-1 法国国立民航大学课程安排

培养阶段		培训内容	培训时长	培训地点	去向
初始学习阶段	模块1	塔台管制 VFR 学习 9 周；区调管制 14 周；民航单位参观 1 周；进近管制 6 周；塔台管制 IFR/VFR6 周	38 周	学校	分配到各大管制单位
	模块2	轻型航空器驾驶学习 8 周；塔台实习 4 周；管制英语	14 周	实习	
	模块3	区调管制学习 10 周；进近管制学习 8 周；参观军航管制 2 天；学习评估 1 周	19 周	学校	
深入加强学习阶段	模块4	各派遣单位教学模块-区调-塔台-进近	16 周	单位	正式到管制单位工作
	模块5	基础知识学习-ATFM-英语等的 7 周；航空公司实习 1 周；模拟机集中练习 2 周	10 周	学校	
	模块6	各派遣单位教学模块-区调-塔台-进近-塔台交换实习 2 周	24 周	单位	
	模块7	英语国家口语实习	6 周	实习	
	模块8	知识学习-英语-人为因素等，毕业答辩，获得学位	4 周	学校	
考证阶段	模块9、10	继续工作和教育直到获得执照	3-18 个月	单位	获得管制资格

（初始学习阶段培训时长 18 个月；深入加强学习阶段培训时长 18 个月）

4. 教育培训内容

ENAC 负责教学内容包括空管基础知识教育、相关科学知识、各种规章制度、基础管制技术、学员实习、英语等，历时 18 个月，主要是学习民航管制基础知识。管制单位负责教学内容包括陆空通话、管制设备使用、英语、区域内高低扇区管制等，具体负责管制技能的培养，直至通过民航管制考试并获得资质。

对于军航管制学员，先在 ENAC 完成基础理论知识学习，学习完成后，进行毕业典礼，然后到军方基地接受进一步的岗位培训。

5.教育培训特点

法国民航初始空管人员教育模式属于高等学历教育。军航空管人员与民航空管人员基础理论课程一致,都在法国国立民航大学进行学习,节约了教育资源;此外由于基础理论一致,十分有利于全局上的军民航协同管制。

针对民航管制学员,在培养上有以下特点:

(1)采用大学学历教育模式,教学内容更加全面,学员知识架构更加完善,但培养周期较长。

(2)学校教育与单位实习相结合。学员先在学校学习理论知识,再到管制单位进行实地实习,逐渐实现从模拟环境到真实环境的过渡,使理论知识与实践经验更加有效结合,学习效率更高。

(3)生源选拔严格,学员质量较高。能进入 ENAC 的学员主要经过科学类预科班的学习,而该预科班就以严格的选拔而著称,对学员数理逻辑等方面的能力要求很高,而这些能力与空管人员工作具有较高的关联性。

(4)工作地点重新部署计划。重新部署计划指的是根据学员在培训中的表现,安排其工作地点。表现好的可优先选择工作单位,一般是大一些的区域管制中心,表现差的可选择小机场的管制塔台等。这样的优胜劣汰分级安排体系考虑了管制学员的能力情况,做到了各尽其才,人尽其用,保证了其管制学员的培训成功率。

(二)瑞典

瑞典空域为统一管制,军民航共同使用,瑞典空管人员同时负责军航与民航的飞行活动。2010 年,瑞典民航局与瑞典林雪平大学(Link Ping University)签订了一个培养空管人员的"学院计划"(ASP Program)。当前瑞典空管人员的培养几乎都来自于"学院计划"。

1.空管体制

瑞典民航局负责瑞典空中导航服务,为瑞典民航和军航的飞行提供服务。瑞典民航局的组织结构如图 3-2 所示。

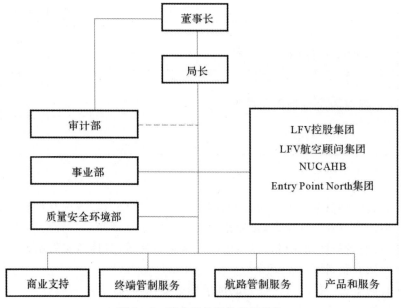

图 3-2　瑞典民航局的组织结构

2. 空管人员选拔

瑞典空管人员选拔一般包括以下四个步骤：

（1）FEAST（First European Air Traffic Controller Selection Test）是指欧洲航行安全组织研发并推行的首套新的空管人员选拔测试系统。测试的内容包括知识、技能和潜在管制能力。测试包括三个模块：认知能力和英语测试、ATC 工作潜能测试、人格问卷调查。它是基于网络的专业测试平台。

（2）面试。工作、培训面试由瑞典专业行为学专家和行业代表组成。遴选委员会将决定谁会进入到最后面试阶段的人员，最终面试和选拔往往是与管制招聘单位一起决定。

（3）体检。

（4）背景安全检查。

3. 教育培训机构

林雪平大学自然科学与工程技术系的空中交通与逻辑专业是瑞典空管人员本科基础理论知识学习的教育机构，也是唯一教学单位。

北欧空管学院（EPN，Entry Point North）是丹麦、瑞典、挪威三国联合建立的学院。该学院具备欧盟空管人员培训资质，具有先进的办学理念、严格的教学标准和丰富的教学设备，是欧洲一流的空管人员培训机构。北欧空管学院一般承担瑞典空管人员初始培训课程。按照 ICAO 的标准进行授课和技能培训。

瑞典民航局培训机构提供针对瑞典空管人员的本国具体运行培训、军航活动管制培训等。

4. 教育培训内容

管制学员在林雪平大学自然科学与工程技术系的空中交通与逻辑专业先进行 1.5 年的大学基础知识学习，然后进入位于马尔默的北欧空管学院进行 1.5 年的基础技能培训，然后继续由瑞典民航局提供 8～25 周的过渡性培训。接着管制学员到运行单位进行 9 个月的在职培训，在岗位培训的同时完成他们的毕业论文，获得学士学位。林雪平大学空管基础教育流程如图 3-3 所示。

在北欧空管学院，所有的管制学员都必须首先完成进近/终端雷达管制基础培训课程，然后塔台进近管制学员继续进行进近/机场管制等级课程，区域管制学员继续进行区域雷达管制与区域程序管制等级培训课程，以上课程内容都以 ICAO 标准进行培训。随后，在瑞典工作的学员会接着进入由瑞典民航局提供的过渡性培训课程。

在该课程中，管制学员将了解瑞典民航局、瑞典的航空规则和瑞典军队空管。对于那些今后要到军用机场或军民合用机场工作的瑞典管制学员，他们还必须学习 8 周左右的军方运行程序课程，包括基础培训、等级培训和过渡性培训。

5. 教育培训特点

瑞典空管人员培养教学计划以适应于现代企业和劳动市场需求为办学宗旨，运用现代的教育学理论和系统学理论为指导，合理安排教学模式。该教学计划不仅克服了传统大学培养的学员理论脱离实践的弊端，而且使学员具有深厚理论基础和解决科研、生产、管理等高难实际问题的动手能力。

1）瑞典空管人员的培养适应了本国发展和欧盟单一天空计划的需求，开发的课程适应性强。在北欧空管学院的培训课程以 ICAO 标准和规章为基础进行讲解，具有通用性，可以整合教育资源,与挪威和丹麦结盟,共同培养三国的空管人员。

2)人性化培养方法,既满足了对学员进行高等教育的要求,也满足了空管行业的需求,综合考虑了各方面的因素,达到了资源的有效利用。一旦学员没有被录取为空管人员,还可以选择林雪平大学开设的其他专业课程,培养方案灵活。

3)巧妙地运用了系统学理论,将高校理论优势与管制学院的技能培养优势进行综合,将民航与军航管制进行有效的融合,达到了一个培养模式下多种培养目标的统一。

4)培养专门化,签约区域管制的学员在技能培养期间可以不用学习机场管制,缩短了培训周期。

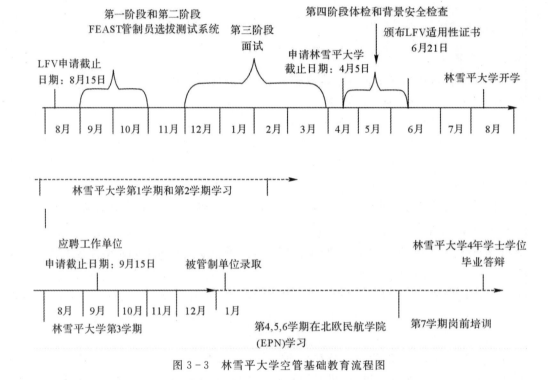

图 3-3　林雪平大学空管基础教育流程图

(三)俄罗斯

俄罗斯有近 8 000 名空中交通管制人员,在独联体其他国家还有 6 000 余人,在各级军民航联合中心工作的军方空管人员有 900 余人。俄罗斯培养空中交通管制人员分三个方面,一是基础训练,二是技能的巩固和提高,三是改装训练和提高。

1.空管体制

1962 年以前,前苏联空中交通管制工作由军队统一组织实施,民用空管机构仅负责民用航空器和军用航空器在航路上的管制服务。1962 年之后,前苏联空中交通管制工作改由空军统一组织实施,军民航分别指挥。1974 年,前苏联政府批准成立空中交通管制统一系统,将军民航双方的空管部门纳入统一组织之中。军航管制单位由国防部负责,民航管制单位由民用航空部负责,军民航双方对空域联合使用的协调由军航管制部门负责。1990 年,为了更有效地使用空域,苏联政府又成立了空域使用及空中交通管制委员会,主要目的是为了建立国家统一管理的空管系统。

苏联解体后,俄罗斯于1992年成立了俄罗斯联邦政府空域使用及空中交通管制服务委员会,继续履行苏联空域使用及空中交通管制委员会的职责。1996年,俄罗斯决定成立国家空中交通管理公司(State ATM Corporation),对空中交通管理系统进行统一管理。2006年3月,为改善国家空中交通管制系统,提高国家空中导航服务的安全和效率,俄罗斯建立了联邦航空导航局,国家空中交通管理公司成为其附属单位。2010年,俄罗斯对其空管组织体系进行了进一步改革,将原由交通运输部管理的民用航空机构与联邦航空导航局合并为联邦航空运输署。

俄罗斯空管体制几经调整改革,2010年确定由联邦航空运输署负责统一组织全国飞行管制。当前,俄罗斯空中交通管制统一系统包括一个国家管制中心、8个区域管制中心、70个地区管制中心和63个辅助地区管制中心。各管制中心通常由军、民两部门组成,个别地区也可由单一部门组成。

2. 空管人员选拔

俄罗斯的管制学员一般在高考或中专毕业后,通过入学考试、职业心理测试和体检后才能进入民航院校学习。需要说明的是,在入学考试中,对管制学员的英语考试十分严格。

3. 教育培训机构

俄罗斯空管人员的教育由与国家教育标准一致的中级或高级职业级别的教育机构提供,主要的教育机构如下:

(1)莫斯科国立民用航空技术大学。莫斯科国立民用航空技术大学成立于1971年,当时名为莫斯科民用航空工程学院,大学在俄罗斯民用航空专家培养方面处于领先地位。学校共有4个系:机械系、航空系统系、社会交通管理系、应用数学与计算科学系,有4个中心科学研究实验室,一个俄罗斯联邦民用航空职业培训中心。

(2)圣彼得堡国立民航大学。圣彼得堡国立民航大学负责基础训练,培养具有高等教育水平的管制员,培训周期为4年。1995年俄罗斯政府在列宁格勒决定在民航局的监管下进行民航高级指挥人员的学习预先研究,于是"民航高级学校"的教育机构诞生。2004年民航学院通过了国家认定并且获得了新的身份——圣彼得堡国立民航大学。半个世纪以来该学校为民航界提供了25 000余名管理人员和高级专家。

(3)克拉斯诺雅茨克民航技术学院。与圣彼得堡国立民航大学负责基础训练,培养中等教育水平的管制员,培养周期为34个月。

其余培养空管人员的院校还有乌里扬诺夫斯克高级民航学校、雷利斯克民航技术学院和鄂木斯克民航飞行训练与技术学院。

培训方面,俄罗斯民航空管人员的培训工作目前主要由国家空中交通管理公司的空中航行学院负责。空中航行学院于2004年成立,目前已成为俄罗斯统一空中交通管理系统继续专业培训的主要和顶尖培训中心,既有理论培训也有实践培训。该学院可提供空管基础培训、再培训和继续专业培训课程。

4. 教育培训内容

俄罗斯预备空管人员在民航院校进行理论学习和实践训练,学员毕业后获得三级空管人员证书,然后被分配到管制单位,经过3～6个月实习,通过考试可以得到独立工作的初级许可证。管制学员在学习期间,由模拟机进行辅助教学,模拟机教学课时为 360 小时。管制学员不仅要学习基本技能,而且还要学习在实际工作中如何进行军民航管制指挥的配合。空管人员在职期间的巩固和检查也非常严格,包括每月 8 小时的职业训练,一年两次的模拟机训练和两年一次的语言训练等。

5. 教育培训特点

1)俄罗斯空管人员的培养根据单位需求与多类院校进行合作,可分别培养出中级和高级教育水平的空管人员。

2)俄罗斯非常重视空管人员的语言训练,对于非英语母语国家空管人员每两年进行一次语言培训,以保持空管人员外语水平的稳定性。

3)俄罗斯培训考核十分严格。在技能巩固和检查、改装训练和提高这两个阶段的考核严格,不流于形式,作风严谨。

4)重视培训质量,加大培训投入。成立了国家级空中航行学院,统一负责俄罗斯空管人员培训工作,统一规划培训资源,组织培训工作。

二、职业培训模式

世界各航空发达国家中有很多国家的空管基础教育都采用了职业培训模式,其中比较有代表性的国家是英国和德国。

(一)英国

1. 空管体制

英国有军民两套空中交通管理体系。军队的空管由国防部下属的军事航空局负责,民航的空管由运输部下设的民用航空局负责。军事航空局负责军事航空的运营、技术管理、监督和保障,以确保军用航空系统的安全设计和使用。民用航空局负责监管民用空中交通服务的认证、人员选派和审批事宜,并负责监管空管人员的培训和执照颁发。

民用航空局设立联合空中导航服务委员会,其成员包括空域政策处、消费者保护处和监管政策处、空中交通服务提供方以及军事空中交通服务部门的代表。作为国防部和空中交通服务提供方分析和解决问题的平台,联合空中导航服务委员会积极发挥着协调作用,将军民航纠纷控制在最小范围内。其每年向民航局提交一份书面报告,评估国防部与空中交通服务提供方之间空管联合运行的有效性。

英国的空中交通服务由国家空中交通服务公司(NATS, National Air Traffic Services)、国防部和其他私人空中交通服务组织负责提供,其中 NATS 是英国唯一的航路服务提供方。

2. 空管人员选拔

英国民航空管人员的选拔由国家空中交通服务公司委托职业心理测试公司完成。该公司在设计选拔程序过程中充分考虑了管制工作的具体需求,其能力要求与德国、美国联邦航空局的相关研究基本一致。选拔程序主要包括四个阶段:预选、能力测试、机试和面试。

3. 教育培训机构

英国军航空管人员培训机构主要是皇家空军下设的中央空中交通管制学院,其为空军、海军和海外的学员提供军航空管人员课程。资源集团公司同样能够为军方提供空管人员培训。

英国民航空管人员培训机构目前为三家,分别是 NATS 培训学院、资源集团公司和全球航空培训服务公司(Global Aviation Training Services Ltd)。这些培训机构在开展培训前必须向民航局提交培训计划,经批准后方可实施。

4. 教育培训内容

NATS 培训学院学制为一年半。培训的规格是根据执照的标准制定的,按执照等级由低到高划分为机场管制、程序管制和雷达管制。在每个执照等级培训结束后都有部分学生被淘汰,在第一个执照等级培训后被淘汰的学生就终生告别了管制职业;在第二个执照等级别培训后被淘汰的学生只能做机场空管人员;在第三个执照等级培训后被淘汰的学员则只能担任程序空管人员,累计淘汰率高达 60% 左右。

教育培训内容分为两大部分。第一部分是基础教育,又分为机场空管人员培训和区域管制人员培训。机场空管人员培训内容包括机场塔台管制、进近管制和雷达管制;区域管制人员培训内容包括区域管制、区域雷达管制和数据自动化处理技术。第二部分是为在职人员提供的进修培训。

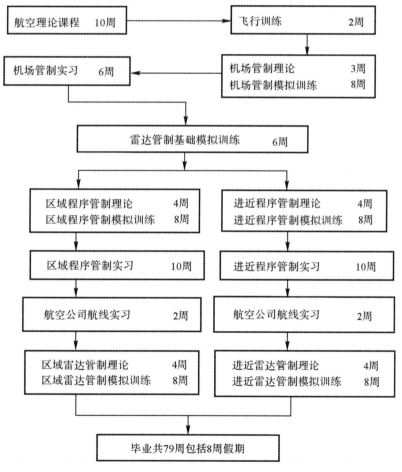

图 3-4 NATS 培训学院空管基础教育流程图

空管人员基础教育过程如图 3-4 所示,学员首先学习 10 周航空基础理论,内容包括航空法规、空中交通管制、导航、气象等。然后参加 2 周的飞行训练课程。休假一周后，接下来是 11 周的机场管制课程(理论部分 3 周，模拟训练部分 8 周)。然后是 6 周的机场管制实习，实习期间，现役空管人员会根据学员实习情况决定其能否继续考雷达执照。被淘汰的学员就只能做机场空管人员，他将结束学校培训，继续参加机场空管人员培训。而未淘汰的学员将继续参加几周的岗位培训和 6 周雷达管制基础模拟训练。然后学员通常会根据管制部门的实际需求和个人意愿选择区域管制和进近管制两个方向，两者培训模式一样，大约三分之二的时间(24 周)用于学习理论和模拟机，另外三分之一的时间(12 周)用于到一线岗位实习，理论紧密联系实际，培训效果比较高。毕业后，他们被分配到某管制单位工作，继续接受在职培训。

5.教育培训特点

英国空管人员教育培训具有以下特点：

(1)较为完善的选拔机制。英国早在 1983 年就开始建立选拔机制，设计选拔程序过程中充分考虑了管制工作的具体需求，保证了生源的质量。

(2)培训效率高。学校教学与岗位实习穿插进行理论教学与岗位实践相结合，培训效率较高。

(3)淘汰率高。每个执照等级培训结束后都有部分学员被淘汰，淘汰率累计高达 60%。顺利完成培训的空管人员不仅具有扎实的理论基础，同时还具有良好的心理素质和工作技能。空管人员素质得到了有效保证。

(4)培训周期短。培训学制为一年半，培训期间重视管制学员技能的培养，而不以学员获取学历为目的。这样有效缩短了管制学员的培训周期。

(二)德国

1.空管体制

德国实行国家统一管制的空管体制。德国管理空管事务的最高机构为国防部，交通、建设和城市发展部。国防部通过空军局下设的德国军事航空安全办公室负责军事航空的管理。交通、建设和城市发展部下设联邦航空事故调查局，负责民用航空的管理。

1991 年 11 月 6 日，国防部与运输部签订协议明确了地区军事空中交通服务框架和军民航合作原则，即：

(1)德国空中交通管理有限公司负责和平时期的空中交通服务工作，但需满足国家和北大西洋公约组织的防卫需求。出现危机时除特定民用航空外，空中交通服务交国防部负责，并由北大西洋公约组织统一管理。

(2)军民合用机场和军用机场的空域和德国空防系统的空中交通服务由国防部负责。

通过一系列改革，德国实现了军民航空管运行一体化。

2.空管人员选拔

德国管制学员入学有一套完整的选拔程序，入选率为 5%，选拔分为三个阶段：

(1)笔试。笔试时间为两天。包括 14 套能力、知识测试和个性问卷测试，其中能力、知识测试内容主要包括：英语能力、机械理解能力、速度感知能力、空间理解能力、计划编制与决策、心算能力、记忆能力、注意力分配和警惕性。个性问卷测试内容主要包括：成就动机、情绪不稳定、行动机械、外向内向、有活力、外向型、移情能力和灵活性。

(2)机试。测试内容包括思维速度与准确能力、动态的决策能力和多任务处理能力等。

（3）面试。主要是心理方面的面试。

3. 教育培训机构

德国空中交通管理有限公司（DFS）航行服务学院（Air Navigation Services Academy）是德国主要的空管人员教育培训机构。国防部和运输部的部际协议明确了该学院对军民航空管人员的培训职责。学院的主要职能是为德国空中交通管理有限公司确定培训内容、培训对象和数量，制定与实施基础培训课程。该学院同时还为各级管理人员、技术监督人员、空管员领班、兼职教员和仿真设计人员提供提高培训和管理培训。

4. 教育培训内容

DFS 航行服务学院的空管人员教育培训分为初始培训和提高培训两部分。培训内容具体如下：

（1）初始培训。处于管制培训初级阶段的培训课程主要有：基础理论，机场管制课程（塔台目视飞行规则管制，塔台仪表飞行规则管制，塔台雷达管制等），雷达管制，程序管制。

（2）提高培训。主要包括恢复训练和紧急情况训练。培训课程主要有：对相关的恢复训练的建议，对机场和塔台空管人员进行紧急和复杂飞行情况下的管制练习，申请军方程序管制的联系。

（3）该学院的课程设置清单：

- 空管基础课程
- 流量管理席位
- 机场管制课程
- 进近雷达管制课程
- 区域雷达管制课程
- 移交课程（进近雷达到区域雷达）
- 移交课程（区域雷达到进近雷达）
- 岗位培训前雷达管制
- 雷达复训课程
- 情况培训
- 程序管制和区域雷达管制结合管制课程
- 航空情报服务自动化
- ATC 自动化
- 欧洲空中交通管理项目介绍
- ATS/ATC 介绍
- ATC 安全
- ATC 自动化介绍
- ATS/ATC 和欧洲空中交通项目介绍
- 技术主管管理
- 带班主任管理
- 空域管理
- 仪表飞行程序设计课程

- 联合航空规则 OPSl 简介
- 数据通信(地/地和地/空)
- 雷达技术介绍
- 监视/通信/导航
- 教员进修课程
- 岗位培训的管理/教学方法
- 教学工具
- 实践评估方法
- 雷达模拟训练设计
- 课堂设计
- 测试方法
- 航空公司签派员基本训练
- 签派员飞行运行程序
- 复训课程
- 航空器性能工程学
- 通用高级英语
- 航空情报服务/航行通告人员专业英语
- 运行人员专业英语
- 模拟训练保障人员专业英语
- 技术/工程人员专业英语

(4)时间安排。管制学员在基础课程和岗位培训两项考核合格后方可拿到毕业证书和相应的执照,正式工作。培训时间安排见表3-2。

表3-2 培训时间安排表

学　　制	课程阶段	课程内容	课　　时
三年	18个月 基础课程	参观	1 周
		理论学习并考试	17 周
		体检	2 周
		加深理论学习并考试	28 周
		模拟培训	23 周
	18个月 岗位培训	塔台评级课程	14 周
		塔台雷达培训	3 周
		终端区域管制资格培训	5 周
		区域管制监视评级课程	17 周
		进近管制监视评级课程	17 周

5.教育培训特点

(1)职业培训模式。德国与英国一样,空管人员教育培训为职业培训模式,在培训过程中轻综合能力培养,重专业技能培养,毕业合格的学员专业技能水平较高。

(2)军民航空管人员统一培训。在德国,为确保空管一体化的全面进行,军民航空管人员要接受统一培训,军航空管人员既能担任军航管制工作,又能担任民航管制工作。

(3)严格的选拔和淘汰机制。学员入学有一套完整的选拔程序,入选率为5%,学制3年,培训淘汰率接近50%。

(4)理论与实践紧密结合。在管制学员的3年培训中,前18个月是在校基础课程,后18个月是岗位实习培训。真正做到了理论与实践紧密结合,合格毕业的学员理论知识掌握比较扎实,同时对一线空管运行情况也非常熟悉,能够很快投入到实际工作中去。

三、混合模式

(一)美国

1. 空管体制

美国空中交通管理体制的沿革以1958年为界,大体分为两个阶段。1958年以前,全国分为军航和民航两个系统,实行分别管制,设立航空协调委员会,负责协调军民航空中交通管制方面的关系。在这种体制下,曾连续发生多次空中航空器相撞事故。时任美国总统艾森豪威尔认为,国家空管体制必须改革由一个统一的系统进行管理,并于1956年任命柯蒂斯(Curtis)将军为航空设施规划特别助理,具体负责改革工作。1958年,由国会通过并经总统批准,美国设立联邦航空局统一负责美国的空中交通管理。

2003年10月,联邦航空局在整合原有空中交通服务、自由飞行规划等部门的基础上成立了由首席运行官领导的空中交通组织。截止到2010年,空中交通组织共有工作人员35 000名,占联邦航空局全部47 465名工作人员的74%,联邦航空局负责国家空域的管理,但空域的划设和调整需要征求国防部和国家航空航天局的意见,或者同国防部和国家航空航天局共同划定,这样就从管理机构设置和程序上保证了军事单位对空域使用的要求。

联邦航空局将美国境内共划分为9个地区,各设地区办公室,作为本地区航空业务的工作机构,负责审查、颁发本地区航空领域内各种证件和执照并对所辖地方机构实行技术指导和管理。除9个地区办公室外,联邦航空局还有一些地方机构,它们是各种不同类型的航空基层管理组织,如空中交通管制中心、飞行服务站、各类质量检查和标准审定办公室、航空保安机构等。这些地方机构直接负责空中交通管制任务,为飞行提供导航服务,接受各种合格证的申请,监督和检查安全质量,参与调查航空器事故和违规时间,进行飞行现场的保安管理等。

2. 空管人员选拔

(1)联邦航空局(FAA)空管人员来源途径分析。美国国家空域系统内的空中交通服务统一由FAA提供。所有军民航航空器的运行管制服务均由FAA签约空管人员负责,军民航管制运行规则一致。通常有三种途径可成为FAA空管人员。

一是申请者已拥有先前的空管人员经验。FAA重视和雇用已经有空中交通管制经验的空管人员。例如:拥有军航管制经验的退伍军人,退休的军队空管人员,现役的或先前的民航空管人员。最低要求是,必须拥有能证明申请人能胜任空管人员职责的知识、技能和能力且具有连续52周的在军队或民航空中交通管制设施的空中交通管制经验,掌握了全面的空中交通管制法律、法规和规章知识。

二是申请者没有先前的空管人员经验,但已获得学位。美国普通民众也可申请空管人员职位,而不需要先前的空中交通管制经验。基本要求是:

- 美国公民
- 大多数情况下不超过 31 岁
- 通过体检
- 通过安全调查
- 拥有三年积极负责的工作经验或者有一个全四年课程的学士学位,或者同时满足以上两个条件
- 通过雇佣前测试且达到 70 分以上
- 英语足够清晰,通过通信工具交流时能被理解
- 通过面试

三是申请者可以通过参加 AT-CTI 项目,获得学位并成为 FAA 空管人员。FAA 与许多学院和大学有合作伙伴关系,这些学校可提供两年或四年教授空中交通管制基础知识的非工程民航学位,这个项目被称为空中交通管制学院初始培训项目(Air Traffic - Collegiate Training Initiative,AT-CTI)。AT-CTI 毕业者在签约高校直接学习空中交通管制基础课程,这些课程通常为在俄克拉荷马联邦航空学院(FAA Academy)最初 5 周的资格基础培训课程。美国联邦航空学院培训还包括终端或航路初始培训,其中终端管制初始资格培训为期 37 天,区域管制初始资格培训为期 62 天。管制学员必须成功完成所要求的在美国联邦航空学院的所有培训才能继续保持与 FAA 的雇佣关系。

基本条件及过程如下:

- 成功完成一个空中交通管制的学位项目
- 获得一份学校的官方推荐
- 美国公民
- 大多数情况下小于 31 岁
- 通过体检
- 通过安全调查
- 达到 FAA 雇用前测试 70 分标准以上
- 成功通过面试
- 在项目通告的指导下向 FAA 递交申请
- 申请通过后将获得一份固定的录用信,随后会按照课程计划被送往位于俄克拉荷马市的美国联邦航空学院培训
- 进入美国联邦航空学院学习
- 通过所有在美国联邦航空学院要求的课程
- 到被派遣单位报到,进行真实场景培训。培训分阶段进行,包含了教室、模拟室和在职培训

(2)FAA 选拔具体内容。FAA 应聘空管人员必须符合以下要求:

1)申请者应小于 31 岁,符合体检要求。根据科学研究,一些健康问题和某些身体器官退化引起的发病始于 30 岁。空管员每天负责成千上万人的安全和利益,工作压力大、强度高,工作时精神集中,因此这项工作需要极大的体力损耗。因此,FAA 要求申请人必须是优秀的,而

且身体是健康的。

申请者必须通过严格的体检,包含:视力标准、彩色视力标准、听力标准、心血管标准、神经标准、精神病标准、糖尿病、药物滥用和依赖、心理测试和一般体检。

2)符合联邦航空局空管员测试 70 分要求。美国现行的空管人员选拔系统研究始于 1996 年底,主要是为了解决因"大罢工"时期招聘的空管人员将会在同一时间退休而导致数量不足的问题。这套选拔系统名为 AT-SAT(Air Traffic Selection and Training),是一套以计算机为基础的测验,耗时 8 个小时,申请者可以在不同地方的社区测试中心进行考试,非常方便。因此,被 FAA 正式作为官方的空管人员选拔测验。几乎所有申请者必须达到 FAA 入职前测试至少 70 分要求,才符合 FAA 录用标准。如果申请者有先前的管制经验,例如有军航管制经验,则不需进行这项测试。

早期,AT-SAT 共由 12 个子测验组成,进行大量效度验证后,保留了 8 个子测验,即现行的 AT-SAT(见表 3-3)。在表中,除了经验问卷测试性格特征外,其他 7 个主要是认知能力的测试。其中空中交通情景、角度、字母工厂和扫描测试都是动态交互式的,需要用计算机来完成,其他的都是纸笔测试。最后进行加权得到总分数。

每年 FAA 会向公众定期开放空缺职位情况,一旦空缺公告关闭,申请者将会被通知参加这项测试。测试通常在收到通知后的 4~8 周进行。这项测试不收取申请者任何费用,如果申请者想要重新参加测试以获得更高的分数,FAA 会帮助申请者重新测试。这些测试的分数会被保留 3 年。通过该系统测试后,学员被 FAA 雇用并送到航空学院进行大约 15 周的培训,通过培训表现评估后,再派到一线管制单位进行在职培训。

表 3-3　现行 AT-SAT 测试内容

子测验名称	测试内容
读数(拨号)	从相似仪器中扫描和理解读数
应用数学	解决与距离、速度及时间有关的基本数学问题
扫描	扫描动态的数字显示以检测经常变化的目标
角度	判定交叉线条的角度
字母工厂	参加一种交互式动态的活动,考察归类技巧、决策、优化、工作记忆和情景意识
空中交通管制情景	在交互式、动态的低保真度空中交通情景模拟中管制航空器已达到优化
类比	为语言的和非语言的类比问题,要求进行工作记忆并形成关系概念
经验问卷	回到有关人生经历和"里克福特"等级问卷

3)符合空管员安全调查要求。FAA 空管人员的候选人必须通过严格的安全背景调查。鉴于目前的全球安全状况,FAA 希望确定那些符合美国空域安全的人是没有任何不光彩军事记录和民事犯罪记录的可靠的人。此外 FAA 会考虑申请者是否存在任何潜在的指控,包括酒后驾车,违反枪支条例,虚假简历,或与已知犯罪嫌疑群体的隶属关系。一般那些面临财务问题,如丧失抵押品赎回权、破产、故意无视财务责任(子女抚养费)的申请人同样将被拒绝。

换句话说,FAA将会雇佣一个有干净历史记录的没有不检点行为的人。安全背景调查问题的类型通常包括:军队服役期间是否有不良记录;对政府忠诚度的问题记录;在递交简历或考试时是否有不诚实的行为记录,例如虚假简历;是否有与毒品有关的罪行记录;是否有重罪罪行记录;是否有枪支或爆炸物罪行记录;是否有与酒精有关的事故记录;是否有故意无视财务责任问题记录;是否有不良的退职记录。

4)符合空管人员的教育要求。申请人必须达到一定的教育水平,例如,申请人可选择参加一所提供空中交通管制特殊课程的社区学院;或申请人已经获得在其他领域的四年制的学位,且申请人已经在民航相关职业被雇佣三年或三年以上,已具备相关的工作经验或一定的教育水平。

3.教育培训机构

1)CTI项目。美国联邦航空学院与多所院校有CTI项目合作,这些院校见表3-4。

表3-4 美国联邦航空学院和CTI项目合作院校(部分)

序　号	英文名	中文名
1	Aims Community College	目标社区学院
2	Arizona State University	亚利桑那州立大学
3	Broward College	布劳沃德学院
4	Community College of Beaver County	比弗县社区学院
5	Daniel Webster College	丹尼尔·韦伯斯特学院
6	Dowling College	道林学院
7	Eastern New Mexico University	东新墨西哥大学
8	Embry Riddle Aeronautical University	安莉芳里德尔航空大学
10	Florida Institute of Technology	佛罗里达州立大学
11	Florida State College	佛罗里达理工学院
13	Hampton University	汉普顿大学
14	Hesston College	赫斯顿学院
15	Inter-American University of Puerto Rico	泛美波多黎各大学
16	Jacksonville University	杰克逊维尔大学
17	Kent State University	肯特州立大学
18	LeTourneau University	拉特诺大学
19	Lewis University	路易斯大学
20	Metropolitan State University of Denver	丹佛大都会州大学
21	Miami Dade College	迈阿密戴德学院
22	Middle Georgia College	中乔治亚学院
23	Middle Tennessee State University	中田纳西州立大学
24	Minneapolis Community and Technical College	明尼阿波利斯社区和技术学院

续表

序　号	英文名	中文名
25	Mount San Antonio College	摩圣安东尼奥学院
26	Purdue University	普渡大学
27	Sacramento City College	萨克拉门托城市学院
28	St. Cloud State University	圣克劳德州立大学
29	The Community College of Baltimore County	巴尔的摩县社区学院
30	Texas State Technical College	德克萨斯州立技术学院
31	Tulsa Community College	塔尔萨社区学院
32	University of Alaska Anchorage	阿拉斯加安克雷奇大学
33	University of North Dakota	北达科他州大学
34	University of Oklahoma	俄克拉何马大学
35	Vaughn College of Aeronautics and Technology	沃恩航空技术学院
36	Western Michigan University	西密歇根大学

(2)FAA 空管人员培训机构中,联邦航空学院承担 FAA 签约空管人员的培训工作,它是世界上最老的和最有名的航空培训学校之一,位于俄克拉荷马城。每年美国联邦航空学院给数以千计的培训人员提供专业的训练,从而使他们能够操作而且维持世界上最忙碌的和最复杂的航空系统,是高级航空专业技术的培训基地。50 多年来,该学院为世界各地的政府部门培养了一大批专业人员,来自 171 多个国家的 11 000 多名参加者参加了该学院的培训。

该学院具有现代化的教室、实验室和训练设备。训练可以同时在多媒体教室和高仿真实验室中进行,培训的手段多种多样。训练科目的安排本着充分利用学校设备资源的目的,减少成本,提高效率。学院主要包含 6 个技术培训部门和 2 个支持培训部门:空中交通部门、航路设备部门、机场和后勤部门、航空安全培训部门、操作支持部门、管理标准部门、培训支持部门和国际培训部门。

美国联邦航空学院由北美学校协会中心批准运行。另外,美国教育委员会,即美国中级教育协调机构,通过了对该学院的课程和信用评估,超过 300 个美国联邦航空学院课程现在符合他们的严格标准。空管人员培训课程有 230 个,其中,包括课堂课程和基于计算机的教学课程,由空中交通部门负责(具体课程可查阅 FAA 官方网站 http://www.faa.gov/)。

美国联邦航空学院开设的管制学员基础训练包括 14 个基础模拟练习,一旦他们完成课堂和基础模拟训练就会到管制单位进行实地培训。目前,管制单位设有模拟机的有:洛杉矶,奥克兰,凤凰城,芝加哥,亚特兰大,达拉斯,沃斯堡,圣安东尼奥,丹佛,迈阿密,檀香山,明尼阿波利斯,夏洛特,北卡罗来纳,辛辛那提,克利夫兰,孟菲斯,田纳西,奥兰多,华盛顿,拉斯维加斯,西雅图,底特律,休斯顿和纽约。

4.教育培训内容

(1)学历教育。FAA 空管人员学历教育主要针对 AT－CTI 项目的申请者。为扩大生源,缩短培训周期,FAA和许多大学或学院拥有合作伙伴关系,这些学校负责 2 年和 4 年的空管基础知识教育(CTI,Collegiate Training Initiative),参加 CTI 项目的学员必须通过空中交通管理基本课程的考核才能毕业,其毕业生一旦经过筛选进入美国联邦航空学院,即可免除理论培训,直接进入管制技能培训。

AT-CTI 项目签约学院和大学提供两年或四年教授空中交通管制基础知识,课程设置可以不一样,但必须符合 FAA 审定标准。

(2)美国联邦航空学院培训内容。民用机场、区域、进近服务单位空管人员培训方面,CTI 项目学员在合作院校毕业后到美国联邦航空学院继续完成后续培训,其他类学员或直接在美国联邦航空学院接受培训。进入联邦航空学院的管制学员每年有 3000 人左右,入校后根据与 FAA 签约时确定的工作方向(航路、终端、塔台)接受面向工作岗位的强化培训分别是为期 37 天的终端管制初始资格训练;为期 62 天的区域管制初始资格训练。

在培训结束并考试合格之后,约 60% 的 FAA 管制学员能进入一线管制单位成为见习空管人员,并接受岗前见习和岗前培训,其中岗前培训包括课堂理论教学和模拟机培训。见习空管人员从最简单的管制席位开始见习,逐个放单,在所有管制席位都放单之后,成为认证的职业空管人员。这一过程的淘汰率大概为 30%,一旦被淘汰,就必须到机场其他部门进行工作或离开 FAA 另谋职业。

军用机场空管人员培训方面,如 FAA 空管人员在美军基地提供管制服务,必须接受军航服务培训。FAA 空管人员到美军基地进行在职岗位培训,主要是练习、自学、模拟、见习等。基地的教官不是专职的,是挑选出来由基地任命的,职责是传授书本和专业知识,指导学员自学,记录和报告培训情况。每个学员配一名教官,随时监督学员学习。基地培训部指导培训工作,编写教材,提供培训指南,制定培训要求,进行质量控制,保证培训质量。美军基地 FAA 空管人员在 FAA Academy 学习共 1 个月;美军基地的培训 22 个月完成,空管人员转换基地后必须重新培训。

5.教育培训特点

1)采用大学初始训练项目、社会考核和军人转业等多种渠道来选拔和培养空管人员,增加了可供选择的生源,提高了生源质量。

2)培训分为航路、终端、塔台三个方向,互相不交叉,培训效率比较高。岗前培训循序渐进,由浅入深,例如机场管制学员,先到流量小的单位进行见习,合格之后再到流量大的单位进行见习,最后在签约单位进行执照考核。

3)技能培训方面,由美国联邦航空学院统一负责全国初始空管人员技能培训,整合了培训资源,提高了培训质量,不仅可以满足民航空管需求,也同时可以满足军航空管需求,达到良好的协同培养,避免了分开培养的多种弊端。

第三节　国内外空管教育差异

我国已连续 30 多年保持了近 10% 的经济年增长速度,即使面对国际金融危机的冲击,依然保持了强劲的发展势头,成为世界经济增长的重要推动力量。但必须看到,作为一个有着 14 亿人口的发展中大国,我们遇到的困难和挑战前所未有,短期问题和长期问题交织,结构性问题和体制性问题并存,国内问题和国际问题互联。一方面,经济增长面临着外部环境不确定因素影响的新问题;国际金融危机、欧债危机对全球的影响是深远的,世界经济重新恢复平衡将是一个漫长而艰难的过程,世界经济增长放缓,对我国不利影响增大。另一方面,发展的不平衡不协调不可持续的老问题更加突出;传统发展方式难以为继,只有真正走上创新驱动,内生增长的发展轨道,才能为持续繁荣开辟新的空间。"两个一百年"的奋斗目标,必须以高素质人才构建新的竞争优势,以创新创造寻求新的发展动力。高等教育作为科技第一生产力和人才第一资源的重要结合点,具有高端引领作用,其发展水平和质量决定着人才的创新创造能力,决定着我们站在什么样的制高点上。高等教育战线必须自觉承担起提高教育质量、建设高等教育强国的崇高使命。

我国是世界高等教育大国,拥有 2 700 多万高校学生、近 3 000 所高等学校,这样的教育规模在世界历史上前所未有,因此我们所面临的教育问题也是需要自己不断地摸索解决。提高高等教育质量是立足于我国现代化的阶段性特征和国际发展潮流而提出的深刻命题,关系国家未来和民族振兴。高等教育要树立忧患意识、危机意识,增强责任感、使命感、紧迫感,树立科学的高等教育发展观,强化质量立校意识,推动高等教育从规模扩张为特征的外延式发展向质量提升为核心的内涵式发展转变,从关注硬指标的显性增长向致力于软实力的内在提升转变,走出一条中国特色、世界水平的现代高等教育发展道路。

通过对照航空发达国家空管教育培训的成功做法,可以看到,空管教育,作为我国高等教育的一部分,也在实践中发展,在发展中探索,积累了一定的经验,探索出了一条具有我国特色的空管教育体系发展之路。

一、教育培训理念方面的差异

从教育观念创新意识看。在专业领域窄、就业渠道定向性强的情况下,空管教育长期以来一直坚持计划办学模式,办学方向等上级指令,办学规模等上级批准,教学计划等上级确定;各空管培训机制缺乏自我调整能力和意识,专业设置、教学模式、教学内容、教学方法和培养目标都不同程度地滞后于航空事业需要和空管技术发展。忽视实际岗位工作对人才的多样化需求,忽视教育培训层次的完整性和系统性。无论是基础教育还是职业教育,都还没有完全建立起比较合理的理念,"一刀切"的教学计划和"积木式"的培训计划仍然存在,空管教育培训中存在"传统继承型""临时动意型""应急增加型"设置课程内容。

从专业定位和培养理念看。军民航 4 家空管院校从事空管基础教育,都不是以独立专业的形式培养,只是在交通运输专业下设某一专业方向或多个专业方向进行培养。各院校的专业方向名称不统一、定位不统一、目标不统一,特别是培养理念也不明确。

从基础教育与在职教育定位看。为提高所培养学员的受欢迎度,各空管院校一方面努力加强技术培养,提高学员的操作能力;另一方面又坚守正统普通高等学历教育阵地不放,试图在性质迥异的学历教育与职业教育中寻找结合点,期待能在一次教育中完成两种教育过程,但课程内容过于精简,对素质教育重视不够。而在空管在职培训机构中,人们普遍又觉得学员的理论基础不扎实,操作技能培养缺乏基础,潜意识中又重复理论教育内容。同时,基础教育与在职教育差异不明显,教学内容和教学方式雷同。

二、培养体制机制方面的差异

从招生选拔机制看。民航空管基础教育,通过"普通高校招生考试"录取学员,主要看分数和档案,仅对视力、语言能力等有限指标作出书面要求,没有面试、心理测试及严格的体格检查。学校和用人单位与考生无法交流接触,招生质量没有保证。常常在入学之后才发现一些学员不具备空管人员的基本条件,如口吃、反应迟钝、心理障碍、缺乏学习与职业兴趣等,四年后将无法通过空管用人单位的测试和录用,只能进入其他行业,浪费空管教育资源,降低了录用率。军航空管基础教育,空军工程大学空管领航学院没有招生选拔权,一部分由空军工程大学通过"军队高校招生考试"录取学员,没有面试和心理测试;另一部分直接从停飞学员中指令性安排,学员的文化素质、心理素质和身体素质参差不齐。因此,空管人员的招生应增加必要的面试、心理测试环节,以有效保证人才培养质量。

从军民交叉培训机制看。因军民航空管教育培训机构分属不同的体制,无统一的教育培训领导机构、无通畅的交流渠道、无正常的交流经费等原因,军民航人才培养一体化未能得到解决。当前,军民航空管教育培训机构之间多是学术交流,教学管理人员交往多于教学人员交往,教学人员交往多于学员交往。军民航空管教育培训机构之间还未进行实质性地交叉培训,相互之间的体制机制、内容方法都不尽相同,教材不统一、标准不统一、执照不统一,这些都不利于军民航空管协调和军民航空管联合运行的推行。

从师资队伍建设机制看。在国家高校管理体制下,各院校对教师的考评强调学术能力和学术成果,教师不得不重视学术研究,"双师型"教师常年从事一线教学,学术成果少,职称晋升难,导致空管实践教学师资力量严重不足,现有空管专业教师不得不重理论研究轻操作能力培养,甚至舍弃实际操作技能的学习和操作经验的积累,导致军民航空管院校的技能性教学能力难以提高。政府(军队)、学校和企事业单位之间的联动机制缺乏,专业教师到实际一线挂职锻炼提供机会少,"双师型"教师培养机制难以建立;一线空管精英进入院校从教的渠道不通畅,校外教学资源得不到有效利用;师资队伍总体数量严重不足,缺乏具有较高学术水平、管理能力和精通业务的高素质院校领军人物;核心课程师资队伍梯队结构不合理,水平不高;空管专业教师队伍缺乏与相关领域符合的背景;实践教学师资队伍匮乏。

从分类培养和淘汰机制看。未能按管制岗位的差异性分类培养,比如管制大区、繁忙机场终端区、中小机场塔台的管制岗位要求有着较大的差异,而基础教育采用统一的培养形式和目标,缺乏针对性,培养效率不高。军航空管院校学员分配与学习成绩、日常表现、大项活动、创新竞赛等紧密相关,学员学习积极性普遍很高,自律意识很强,参加各项活动踊跃。但另一方面,学员实习在大三暑期进行,专业理论课及模拟训练刚刚进入,学员普遍对任职岗位还没有深度认知,更多的是停留在理论层面和教员的任职岗位体验,学员实习效果与预期有差距。而民航空管专业毕业生实施双向选择,学员在学习管制专业课程时不知道未来能否在管制单位就业,因此学习的目的是为了学分而不是为了掌握管制所需知识;由于学员没有归属感,学习期间分散精力于其他领域知识的学习,专业知识学习时间得不到可靠保证,加之很难到管制单位认知实习,学员认识不到所学内容与管制工作的相关性,大多缺乏空管专业知识的学习动力。

从教育培训评估机制看。目前,基础教育阶段只有学员考评标准,没有空管专业教学评估标准。虽然民航空管在职培训评估采用了三种表格的即时记录(每次考试或考核的结束都伴随填写《培训/考核报告表》,每个空管人员有《岗位培训评估报告表》,管制资格检查后有《资格检查报告表》),但对表格信息的利用不足,评估过程只立足于空管人员个人分析,缺乏从班组、组织角度评估。

三、教育培训保障方面的差异

从经费投入看,我国空管人员人均培养经费约为 8 万人民币,相当于欧洲的 5.3%,美国的 6.8%,加拿大的 4.6%。经费投入不足,严重影响了培养质量。

在过去,民航投资重点放在机场、航空器、设备,对空管人员和签派员的培养投入非常有限。管制和签派基础教育阶段的每年每学员国家投入约为 3000 元多人民币,四年共计 1.5 万元,仅相当于英国 40 小时的模拟机训练费用。2007 年中国民航送往英国的管制学员,仅包括专业课程(不包括专业基础课)的学费为 60 万/人。而我国民航空管人员培养院校仅能获得的学费和国家补贴为每人每年 1 万元,远远不能平衡设备和师资的投入。设备维护、更新和师资建设投入由学校负担,设备的更新和维护不及时,模拟训练效果欠佳。作为国家普通高等教育,没有区别出与其他教育的训练经费差异性,飞行训练无法开展;出于成本考虑,管制模拟机训练时间也被严格控制,空管人员的训练时数越来越少,目前仅为 150 小时,远低于国际民航组织规定的 340 小时,难以胜任高强度的雷达管制工作。

军民航院校的空管专业实验室和模拟训练系统的扩充、更新、新建普遍比较慢,开展培养操作技能的实验条件不完善,实验项目较少,滞后于学员人数的增长,台套数及开发出的试验项目数与现实需求有差距,不利于学员实践和动手能力的培养。军航空管院校教学设备建设正在快速发展之中,但体系规模还有待进一步加强。民航在职培训模拟训练系统普遍比较老旧,精确仿真程度不高,缺乏相应机场的逼真模拟训练设备。

从师资培养看,当前空管专业教师队伍能力提升速度与学员能力素质要求不相适应。师资队伍建设体制机制还不够顺畅,教师到一线岗位的时间、到国外培训的机会不足,特别是军航空管院校受军队性质和管理制度约束大。民航空管教师可以随民航管理部门、空管部门出国访问、到实地调研,可以依托科研项目得到经费支撑,而军航空管教员却难以实现。

从基地建设看,作为应用性较强的空管专业教育培训,需要理论学习与实习、实验穿插进行。然而,当前我国空管教育,没有专门的教育训练基地,理论学习与实验实习衔接不够紧密。只能安排学员在毕业前,前往管制单位(或部门)进行短期实习。因各单位生产任务或战备训练任务紧张,工作压力和安全压力较大,实习学员与实习单位之间没有就业合同或分配定向,一般实习单位考虑到飞行安全,学员直接从事管制值班、管制指挥引导时间比较少,实习的预期效果不理想。

四、组训模式方面的差异

从教材内容的针对性看。由于面向工作岗位,空管专业教材内容必须随管制岗位要求的变化而不断更新,而因为编著出版周期长等原因,现行空管教学内容较为固定,多采用正式出版的教材,教学内容较陈旧,空管新技术、新设备不能及时反映到教学中,教材建设系统性不够。另外,空管专业教材缺乏针对性,具体案例不足,典型案例少。目前的空管安全培训教材主要是民航不安全事件资料,其来源多是国外民航的实例,国内航空灾害或者重大的事故征候等案例收集困难。

从课程体系看。课程体系还不健全,主要表现在:一是课程设置未能形成构建群集职业能力(群集职业能力,是为适应某一较广泛范围的职业领域里的工作,应具备的基本能力要求)的体系。从而导致毕业学员工作适应期过长和不能全面适应空管工作要求。二是专业英语课比重不够,特别是专业英语的听说能力培训不够。三是军民航空管教育都缺乏空管运行管理培训教材,培训过程没有针对性教学内容。四是专业建设水平有待进一步提高,还没有形成科研成果向教学转化的有效机制,缺乏高水平科研和教学成果的支撑。

从技能训练比例看。当前,教育培训偏重于知识的教授,而缺少相应的操作能力提高。这一技能训练失衡问题在军民航院校教育中普遍存在,但因条件限制和高校课程设置规定,实践学时偏少,空管人员专业技能与岗位需求有差距,有的管制岗位工作规范的能力由于缺乏必要的检测手段而无法测知,因而也难以提出相对应的培训提高方案。

第四章　空管教育基本规律

所谓规律,是事物变化的客观反映,也是事物之间内在的必然联系,决定着事物发展的必然趋势。空管教育规律是指空管教育内部诸因素之间、空管教育与外部事物之间的本质联系。空管教育基本规律是适用于空管教育领域各个方面、各个阶段的规律。

空管教育理论体系是对空管教育基本规律的反映,空管教育改革与发展的指导思想和基本原则均源于对空管教育规律的正确认识。空管教育的教育者有责任和义务熟悉空管教育各方面的情况,找出空管教育规律,并遵循空管教育规律行事。研究空管教育规律的目的就在于揭示空管教育各要素在教育过程中的地位和作用,以及它们之间固有的、本质的、必然的联系,从而更好地指导空管教育的组织与实施,提高空管教育效果,达到空管教育目标。

通常情况下,空管教育的基本规律有两个:一个是空管教育受空管任务牵引的基本规律;另一个是空管教育与空管人员发展相互制约的规律。简而言之,空管教育必须以人为本,适应和促进空管人员的全面发展,同时要以空管任务为牵引,适应并促进空管行业的发展。

第一节　空管教育受空管任务牵引的基本规律

空管教育以提高空管人员知识、技能和素质为目的,随着空管行业的产生而产生,并随着空管行业的发展而发展。空管教育服务于空管,因而空管教育必须接受空管任务的严格制约。有什么样的空管任务就需要进行什么样的教育,针对空管任务需求或弱点实施重点教育,是空管教育的必然选择。不断变化的空管任务,总是给空管教育带来新的矛盾、新的课题、新的机遇,解决空管任务的新问题促成了空管教育自身的发展。这是空管教育实践活动的基本规律,也是空管教育研究的基本理论或基本原理。这一规律主要反映在以下几个方面:

(1)空管教育以空管任务为导向。空管任务不仅影响空管教育的内容,而且影响着空管教育的方向;空管教育教什么、怎么教、教到什么程度,都不能凭人的主观意志来决定,而只能根据空管任务和所处时代的特点来确定;任何违背实际任务的空管教育,都会因不适应实际需要而失败。可见,空管教育的出发点和最终目的只有一个,即"教为用"。

(2)其次,空管任务规定着空管教育的方向。空管教育虽服务于空管任务,受其制约和影响,但同时空管教育又反作用于空管任务。一方面,空管教育不断丰富空管工作的方法和手段,对传统方式进行创新性研究,推动空管系统与时俱进、更加科学合理;另一方面,空管教育质量的好坏直接影响着未来空管行业的水平。

(3)遵循空管任务牵引规律,就必须以未来空管任务的需要为出发点和归宿点,依据空管任务的时代特征确定空管教育内容,并结合教育目的选择最能适应学习者接受知识、技能的方式和方法,才能最大限度提高空管教育的效率。

空管教育受空管任务牵引的基本规律落实到教育过程中主要表现为下述三个方面。

一、培养目标定位于空管应用型人才

空管教育培养目标是根据空管职业要求确定的。空管职业要求空管人员掌握空管岗位所需的基础理论、专业知识和技能,熟悉国内外专业发展动态,满足空管国际化、规范化要求,并具有较强的实践和创新能力。空管教育培养目标本质上是培养空管高级应用型人才[①]和指技复合型管制指挥人才。因此,空管教育需要包括三类教育:学历教育、工程教育和英语教育。

(1)学历教育旨在实现空管学习者掌握理论知识的培养目标;通过安排学校课程,帮助空管学习者获得社会人文知识、基础科学知识、专业基础知识、学科基础理论、专业理论等;通过现代学分制度确保空管学习者的理论知识水平能够达标,既要达到各门类知识的专业要求,还要达到总的理论知识积累程度要求;通过课程设计以及毕业设计等形式,促进空管学习者发挥主观能动性,积极思考并独立解决相应的问题,以此锻炼空管学习者的思维能力和关键能力(沟通合作能力、分析问题能力、学习能力等)。

(2)工程教育旨在实现空管学习者的专业实践能力;工程实践教学面对的是实际现象和问题,除了对理论进行验证外,实践教学内容是理论课的延伸和扩展,为学员提供了学以致用和开拓创新的智力空间;实践教学需要教师和学员共同参与,学员在教师的指导和参与下,能够在有限的时间内,更好地将课堂讲授与实际应用相结合;通过实验课程加强空管学习者对理论知识的理解,并提高其实践能力,而且部分实践项目是设计性的实验,有力地培养了学习者的设计创新能力;通过设计性实验可以培养空管学习者综合运用所学知识解决空管运行中实际问题的能力;通过岗位生产实习增加学员对空管工作的认识和体验;实习是工程教育的重要组成部分,是学员理论联系实际,了解生产实践过程,掌握生产实践知识、技能、拓宽知识视野、接受职业道德教育、增强劳动观念的重要途径[②]。

(3)英语教育旨在培养空管学习者的国际交流合作能力,以适应空管行业国际化的需要;通过英语基础语言的学习,提高空管学习者的英语基础沟通能力;通过专业英语的学习,提高空管学习者的国际学习能力,更好地提升专业能力;通过接触国际文化,拓宽空管学习者的国际视野。总而言之,空管教育培养目标始终围绕空管行业的基本要求,这是必须遵循的基本规律。

二、教育内容紧贴空管职业任务

(1)空管教育内容紧贴空管职业现实需要。空管职业岗位职责决定了空管教育的专业内容,空管教育要开设哪些课程必须和空管岗位的现实需要相对应起来。空管行业要求空管人员具备深厚的人文素养和高尚的职业精神(包括思想道德素质、法制意识、良好的职业道德和心理素质等),空管教育则相应地开设了人文社会科学课程;空管行业要求空管人员具备扎实的专业理论,空管教育内容则必须设置专业理论课程;空管行业要求空管人员掌握娴熟的专业技能,相应地空管教育内容就必须开设专业实践课程,包括模拟实验和实习等;同时空管职业

---

① 选自《中国民航大学 2016 版本科专业培养计划》
② 选自《中国民航大学交通运输专业工程认证自评报告》

岗位规范决定了空管教育的课程标准,空管教育内容要满足空管职业现实需要,就要保证空管教育课程标准基本符合空管职业资格水平,例如空管职业要求空管人员的英语必须达到六级要求,那么空管英语教育内容就必须按照六级水平组织和评价。因此空管教育内容紧贴空管职业现实至少需要做到空管教育课程及其标准符合空管行业特点和要求。

(2)空管教育内容要紧贴空管职业未来发展趋势。空管教育是接受新思想、接纳新事物最活跃的领域之一,空管教育的改革创新是以理论创新为先导、高新技术为支撑、实际任务需要为动力,不断完善空管教育内容和方法。空管教育改革创新离不开科技力量的推动,科学技术的发展并在空管领域的应用,为空管教育改革提供了坚实的物质基础和技术支持;空管教育改革创新,立足于解决现行教育内容、方法与实际工作需求之间不相适应的矛盾。当迅猛发展的科学技术在空管领域广泛运用,尤其是现代条件下信息技术为核心的高新技术群对空管行业带来了新的运作理念和方法。空管任务的变化,要求与之相适应的空管教育必须不断地改革创新。作为空管教育的教学主导者,空管教育者必须具备很强的敏锐性和洞察力,时刻关注科学技术的最新发展和时代变化,促使空管教育与时俱进。空管教育随着空管任务的发展变化不断改革创新是不以人的意志为转移的,人们只能正确地认识它、适应它、运用它,但不能改变它。正确地认识这一规律,有利于指导空管教育实践活动科学地开展。

总之,空管教育不是静态不变的,要在实践—认识—再实践—再认识的过程中不断总结、探索和创新,推动空管教育逐步深化和提高。空管教育理论、内容、方法和技术的不断丰富和发展都是由量变到质变的跃升,也是一个不断创新和发展的过程,并由此促进空管教育走上科学的可持续的发展道路。

三、教育方式适应空管职业实践

空管职业实践要求空管人员既要具备一定的理论水平,也要掌握娴熟的技术与技能。因而空管教育方式要适应空管职业实践必须做到理论与实践相结合。

首先,空管职业实践需要空管人员掌握空中交通系统优化与管理、空中交通安全分析与管理、空气动力学、系统分析与智能算法等学科理论,因而空管教育要按照学科教学的组织方式和实施方法,进行基础文化、专业基础、专业理论"三段论"式教学,确保空管学习者能够掌握扎实的基础理论。同时空管职业对空管人员的职业精神要求较高,因而空管教育需要通过空管文化熏陶,促使空管学习者增强空管职业认同感,帮助空管学习者树立职业理想,形成良好的空管职业规范和职业道德。空管职业实践对空管人员的心理素质有很高的要求,因而空管教育要组织学习者进行自我心理分析和辅导,帮助他们获得心理压力自我调节的能力。

其次,空管教育还要通过理论与实践相结合的方式来适应空管职业的综合性特点。空管职业对空管人员的综合素质要求很高,既要求空管人员具备较高水平的理论知识,也要求空管人员掌握非常娴熟的操作技术。因而空管教育方式必须适应空管职业特点,将理论教学和模拟训练结合起来,让学习者在学习理论知识后及时进行模拟训练,既能帮助他们巩固和深入理解所学知识,又能运用理论去分析训练过程中出现的问题并解决问题。

最后,空管教育方式必须突出实践性特点。空管职业最突出的特点在于实践性,为培养空管学习者的专业能力,空管教育必须通过学校模拟训练和岗位实习来提高他们的管制技能水平。例如学校开展2周航空气象模拟实践,学员通过学习各种航空气象情报,掌握在飞行运行管理中熟练运用航空气象情报,保障航班运行的方法,以及4周的机场管制模拟训练,学员通过模拟操作训练，掌握机场管制的工作程序和标准通话用语等。在模拟训练结束后，及时开展岗位实习，主要包括交通运输专业认知实习、交通运输生产实习、毕业设计，这些教育方式主要是培养学员实践动手能力、分析问题和解决问题能力。而且为了增强空管学习者的这些关键能力，空管教育必须开设项目课程（空域规划课程设计、飞机性能课程设计等），并通过启发式教学，锻炼学员的综合思维能力；另外，空管英语教育也应突出实践性。空管职业逐渐走向国际化，对空管人员的英语能力有特殊要求，例如常规无线电英语通话、非常规无线电英语通话、OPI英语（英语口语能力面试）等，空管教育要通过模拟演练方式来提高学习者的专业英语口语能力。此外，一些课程还应通过双语教学方式来进行，例如管制规则与程序、航空情报服务与航图、雷达管制、程序管制、机场管制、空管技术与方法等。总之，空管教育方式要灵活多样以适应空管职业的不同特点。

第二节　空管教育与空管人员发展相互制约的规律

空管教育对空管行业的巨大作用是通过培养空管行业所需要的空管人员来实现的。空管教育能否实现培养空管人员的职能，很重要的一点就是看它是否遵循空管人员的发展规律。

空管教育既要培养空管人员的素质，又要发掘空管人员的潜能，发展塑造空管人员的个性，提高空管人员的素质。空管人员是空管教育的对象，空管教育既能促进空管人员的发展，又要受到空管人员发展的制约。空管教育只有全面了解空管人员，按照空管人员发展的规律去组织与实施，空管教育的价值才能最终得以实现。

一、空管教育在空管人员发展中的作用

空管教育，从逻辑上讲是空管行业环境的一部分，但它是影响空管人员发展的自觉因素，是可控制的特殊因素。空管教育在空管人员的发展中起主导作用，主要表现为：一是空管教育约束着空管人员的发展方向；二是空管教育全面影响空管人员的发展。

（一）空管教育约束着空管人员的发展方向

空管教育是一种有目的地培养空管人员的活动，它约束着空管人员的发展方向。在空管人员的各种活动中，人与人之间都会产生各种影响，这些活动对空管人员的发展也会有一定的教育意义，这些活动不以培养空管人员为主要目的。同时，空管行业环境中的自发影响比较复杂，方向不一，有好的影响，有坏的影响，不能一致地按照一定的方向去影响空管人员，因而不能决定空管人员的发展方向。空管教育，特别是空管基础教育则能对空管行业中的自发影响进行调节和选择，充分发挥空管行业环境中积极因素的作用，避免和消除空管行业环境中不利因素的影响，使空管人员围绕培养目标不断提升自身素质与技能。

（二）空管教育全面影响空管人员的发展

空管教育是根据一定的空管行业要求，围绕空管教育目标，确立教育方案，选择适当的教育内容，利用集中的时间，有计划、系统地对空管学员进行各种理论知识教育，综合素质培养，管制技能养成等的活动，对空管人员的影响比较全面、系统而深刻。空管教育者是受空管行业

委托来教育空管学员的,他们明确空管教育目的与任务,熟悉空管教育内容,掌握教育方法与手段,了解学员发展的规律与特点,因而可以确保空管教育工作的效果与效率。而空管行业环境中其他因素的影响往往是偶然的、无计划的、不系统的,各种影响之间甚至是矛盾的、冲突的。

综上所述,空管教育对空管人员的发展,特别是对空管学员的发展起着主导作用。但是,承认空管教育在空管人员发展中起主导作用,并不意味着单凭空管教育就能决定空管人员的发展水平。空管教育的主导作用不能脱离受教育者自身的实践活动和主观能动性而机械地实现。同时,空管教育能否得到充分发挥,还要受其他因素的影响,尤其要受空管人员自身发展规律的制约。

二、空管人员的发展对空管教育的制约

空管教育要充分发挥主导作用,必须遵循空管人员自身的发展规律,主要包括以下四个方面:

(一)空管教育要适应空管人员发展的顺序性和阶段性

空管人员的发展具有一定的顺序性和阶段性,主要包括三个方面:一是从形象思维到抽象逻辑思维的发展;二是从感性认识到理性认识的发展;三是从专业知识到专业技能的发展。

1.从形象思维到抽象逻辑思维的发展

人的思维发展过程总是遵循由形象思维到抽象逻辑思维的过程,空管人员的思维发展也遵循这一规律。人的思维能力即人在思维形式或思维过程中表现出的思维特点和具备的思维品质。空管人员的思维能力是通过空管教育来实现的,具体来讲是通过空管教育者传授给受教育者的思维方法,即通过教会受教育者发散、收敛,纵向、横向、线型、立体和网络等思维方法来培养其思维的广阔性、深刻性、灵活性等。在空管教育过程中教育者应遵循空管人员的思维发展一般规律,开发、培养及训练受教育者的思维器官、思维方法,使之形成思维能力,促进其从形象思维到抽象逻辑思维的发展。

2.从感性认识到理性认识的发展

认识是人们对现实世界的能动的反映。感性认识是认识的初级形式,是人们由感觉器官直接感受到的关于事物的现象、外部联系及各个片面的认识。理性认识是认识的高级形式,是人们对感性认识材料的抽象和概括而形成的关于事物的本质、内部联系及全体的认识。

空管学员在初始学习阶段对空管知识的掌握往往是片面的、表层的、非本质的,还停留在感性认识阶段。随着空管教育的不断深入,空管学员逐步理解空管的结构方式、内在关系及外在联系形式,以及空管的属性、本质、规律等内容,从而逐渐形成理性认识。空管教育应遵循这一客观规律,促进空管学员实现从感性认识到理性认识的发展。

3.从专业知识到专业技能的发展

空管专业知识是空管教育的理论基础,是解决实际问题的根本,具有较为系统的内容体系和知识范围。空管行业具有鲜明的职业特色,具有实践性、应用性、操作性强的特点。掌握空管专业知识是培养空管专业技能的基础,是未来走向空管岗位的资本,而专业技能是胜任岗位工作的必要条件。空管人员专业技能的养成不是对动作机械的模仿和简单的重复,而是空管人员在具备一定专业知识的基础上,以科学的态度创新和发展专业知识的过程。空管教育应遵循这一客观规律，促进空管学生实现从专业知识到专业技能的发展。

必须指出的是，空管教育要适应空管人员发展的顺序性与阶段性，并不意味着空管教育应迁就空管学生现有的发展水平，或降低空管教育的标准与要求。空管教育必须不断向空管学员提出其能接受的但又高于其现有水平的要求，以促进他们的发展。

(二)空管教育要适应空管人员发展的不均衡性

空管人员的发展是不均衡的。这种不均衡性主要体现在以下几个方面：

首先，军民航空管人员培养不均衡。公共运输航空和通用航空的迅速发展对民航空管人员的需求日益增长，国内外复杂多变的形势也对国防建设提出了新的要求，对军航空管人员的素质提出了更高要求，这逐渐使军民航空管人员的培养出现了不均衡。

其次，空管人员技术水平与不同区域岗位需求之间不均衡。不同地区的航空业发展水平不同，导致空管人员的技术水平同样存在地区差异，甚至同一地区的不同岗位之间空管人员技术水平也存在不均衡。

再有，空管人员知识结构与管制技能之间不均衡。空管基础教育注重空管人员知识结构的构建，而空管在职教育则注重管制技能的培养，这种不均衡要求空管教育在制定教育目标、确定教育方法及组织实施教育过程中必须适应空管人员的发展规律。

最后，空管人员管制能力与飞行流量迅速增长之间不均衡。飞行流量迅速增长、新技术的不断应用对空管人员的管制能力提出了新的要求，为适应不断增加的任务需求，空管基础教育应树立适度超前的观念，空管在职教育也应通过设备培训、熟练培训、复习培训等方式，提高空管人员管制能力，以适应飞行流量的迅速增长。因此，空管教育必须适应空管人员发展的不均衡性，不断调整教育内容，改进教育方式，促进空管人员综合素质的提高。

(三)空管教育要适应空管人员发展的稳定性与可变性

空管人员发展的稳定性是指在一定的空管行业环境和空管教育条件下，空管人员的发展具有一定的普遍性和共同性，主要表现为空管人员的培养方式、教育内容及实践活动是相对稳定的。空管人员发展的可变性是指由于不同的空管行业环境与空管教育的影响，在同一阶段的空管人员发展又会表现出一定范围和幅度的变动和差异，这种变动和差异主要表现在同一阶段的军民航空管人员之间存在发展水平的差异；不同地区的空管人员之间存在发展速度的差异；不同岗位对空管人员的要求存在差异等。空管教育既要考虑稳定性，不任意改动空管教育内容和方法，又要注意可变性，充分挖掘受教育者的发展潜力。

空管人员发展的稳定性要求空管教育者必须掌握各个阶段中一般的、相对稳定的特征与规律，作为其制定教学目标、安排教学内容、选择教学方法和组织形式的客观依据，加强空管教学工作的计划性，消除随意性。空管人员发展的可变性，又要求空管教育者经常了解和掌握空管人员发展的实际情况，充分利用其发展的潜力和可能性，调整教学计划和教育措施，提供符合受教育者发展状况的教育条件，解决空管人员"吃不饱"和"吃不了"的矛盾，促进空管人员的发展。

(四)空管教育要适应空管人员发展的个体差异性

个体差异是指个人在认识、情感、意志等心理活动过程中表现出来的相对稳定而又不同于他人的心理、生理特点。由于每个空管人员在空管行业环境、空管教育等方面获得的条件不同，其发展的实际面貌会表现出一定的个体差异性。空管人员发展的个体差异性主要体现在以下几个方面：

1.管制能力的个体差异

管制能力是顺利完成空管任务，直接影响空管效率的心理特征之一，是具有多种因素的复杂结构。要顺利完成某一空管活动，必须具备多种能力。由于管制能力是一种外显的、对工作任务具有直接影响的特征，因此被认为是最主要、最明显的个体差异变量。从发展的特点来看，有些人员管制能力的发展较早，有些则较晚，即管制能力存在个体差异。

2.管制思维的个体差异

思维是人脑对客观事物的本质和事物内在规律性关系的概括与间接的反映，是个体最重要的特征之一。管制思维的个体差异，主要表现在管制思维的品质上，即管制思维的敏捷性、灵活性、深刻性、独创性和批判性等方面的不同。

3.兴趣的个体差异

兴趣对空管人员的行为具有重要的驱动、定向、维持和激励作用，特别是在空管教育教学活动中，是影响空管教育教学效果的重要因素之一。不同的兴趣往往导致不同的行为，产生不同的结果。

4.性格的个体差异

性格是个人稳定的态度体系和相应习惯了的行为方式的结合，是个体在教育过程中逐步形成的稳定的个体特征。空管人员性格的个体差异主要表现在不同个体对空管工作的态度，意志力的表现以及对空管教育的情绪情感反应等方面。例如每个空管人员的人生观、世界观、价值观存在差异；有的学员比较热情，有的则冷漠，有的学员合群，有的则孤僻，有的果断坚强，有的则优柔寡断等。

针对学员的个体差异，空管教育工作者必须充分发挥每个学员的潜能和积极因素，有的放矢地选择适宜、有效的教育途径和方法手段，因材施教，使每个学员都能得到最大程度的发展。

综上所述，空管人员的发展是客观的、不以人的意志为转移的。空管教育工作必须遵循这些规律，立足于空管学员的实际情况，针对空管学员发展的不同特性，适时调整教育内容和教学方法，全面促进空管人员的发展。

第五章 空管教育的内容

　　空管教育内容是指学习者在教学过程中所必须掌握的科学知识和技能技巧,以及智力发展的总称。空管教育内容是空管教育的核心要素,是组织筹划空管教育的重要依据,也是实现教育目的,保证完成教育任务的基本条件之一,对空管教育实施过程也起着影响和制约作用。因此,正确规定教育内容,对于实现教育目的是十分重要的。准确把握空管教育的内容,科学建构空管教育体系,深入探索空管教育的创新发展,对于丰富、完善和发展空管理论,提高空中管理的质量和意义具有重要意义。

第一节　空管教育内容确定的依据

　　研究空管教育内容的设置,首先应当研究确定空管教育内容的依据。空管教育的内容不沿袭我国普通基础教育的内容体系模式,应该联系空管教育的内部与外部、主观与客观因素加以确定。空管教育内容的确定是空管教育培训的首要任务。空管教育内容的依据主要包括空管战略方针、空管人员队伍建设目标、空管运行重难点问题。

一、空管战略方针

　　我国确立了构建特色和谐、军民融合的空管发展理念,明晰了空管可持续发展思路和战略转型,并且继续贯彻"统一规划、分别建设,军民共用、资源共享"的原则,加强军民航空管系统建设的统筹协调和监督管理。依此战略方针,建立一个统一的军民航空管教育内容体系。

　　空管教育内容体系是空管专业培养目标和毕业要求的重要实现方式。由于其教育内容是基于专业培养目标设置的,空管专业的课程设置应该是符合专业培养目标的。空管专业的培养目标是培养适应社会主义现代化建设需要,特别是军民航现代化建设需要,掌握军民航交通运输管理岗位所需的基础理论、专业知识和技能,熟悉国内外专业发展动态,满足军民航国际化、规范化要求,具有较强实践和创新能力,能够从事空管任务的高素质应用与管理人才。

二、空管人员队伍建设目标

　　建立起满足"国家统一管制"目标为主线,加强专业人才培养的组织领导培养为保障,构建军民航两用人才队伍培养机制为重点,统一军民航专业人才的培养规范与标准,强化专业人才培养机构和考核认证机构的建设,落实吸引稳定专业队伍的措施,培养一支规模适度、结构合理、素质优良、作风过硬、技术精湛的军民航专业人才队伍,为空管现代化提供强有力的人才保证和智力支持。

根据此空管人员建设目标来进行空管教育的时候,需要从政治思想教育、职业道德教育、专业基础教育、专业技能教育、心理健康教育等方面来培养,将学习者培养成具有较高的人文科学素养、社会责任感和职业道德的空管优秀人才。

三、空管运行的重难点问题

我国民航系统在管制方法、管制手段、管制程序、管制设备等方面已基本与国际接轨,教育培训体系、培训模式、培训内容也逐步向国际靠拢。而我国军航系统由于其管制工作特殊性,使其在空管教育内容上,人才培养的规范上和标准上与国际相比还是存在一定差异的。国家空管委在第十次全体会议工作报告中明确提出了"统一管制"的战略目标,要求"坚持军民航联合运行、整体推进、突出效能、确保安全"。显然,实现这一目标,对于解决军民航飞行冲突、实现军民航协调发展以及军民航人才互用问题大有裨益。军民两用人才是实现军民航空管一体化的关键,而军民航空管教育内容的融合是空管一体化的基础。

第二节　空管教育内容体系的构成

空管教育属于交通运输类专业范畴,目前我国已建立交通运输类专业教学质量国家标准,交通运输类专业的特点是其系统复杂性,且涉及众多交叉学科。在遵循高等教育基本要求的基础上,结合航空业发展对高素质专业人才的需要和国际军民航的发展趋势,支持本专业培养目标和毕业要求的达成,形成了强化基础、注重实践、科学合理的课程体系。根据课程内容的不同,空管专业课程设置可以分为通识教育课程、专业实践课程、专业理论课程三部分,而军航空管的教育内容又会加入其相应的特色课程。

一、通识教育课程

通识教育课程是空管专业的基础课程内容。主要分为人文社会科学课程、数学和工程技术科学两部分。

(一)人文社会科学课程

人文社会科学课程主要指通识的社会科学知识,通过此课程的学习,能够使学员掌握马克思主义、毛泽东思想、邓小平理论和习近平新时代中国特色社会主义思想基本原理,具备一定的文学、历史、哲学、艺术、法律等方面的知识,并且有良好的思想品德修养和健康的心理。

航空业是一个高科技、高风险、高投入的行业,工作质量关乎到国防安全、国家形象以及人民的生命财产安全,需要从业人员具有崇高的使命感、高度的责任意识、严格的组织纪律性、严谨的工作作风、良好的团队精神、沉稳的心理素质,以及良好的人文精神和科学素养。基于此,空管专业课程需要开设包括马克思主义基本原理概论与实践、中国近现代史纲要及实践、思想道德修养与法律基础及实践以及毛泽东思想和中国特色社会主义理论体系概论、习近平新时代中国特色社会主义思想等人文社科类课程。增设了人文科学和艺术方面的公共选修课供学员选修,通过课堂教学、研读、研讨等学习模式,向学员推荐人文书籍阅读目录,指导学员读中外文学名著或文化、历史、艺术基本理论方面的书籍。

由于空管专业毕业生将来所从事的工作与国内外航空机构的法规息息相关,为提升学员对国内外法律法规、特别是国际上比较重要的法律、行业法规、部门规章、规范性文件及标准的学习，了解与空管专业相关的职业和行业的生产、设计、研究与开发、环境保护和可持续发展等方面的方针、政策、法律和法规，正确认识工程对于客观世界和社会的影响，因此，与此相应的行业法规的相关课程如管制规则与程序、航空法规等课程需要作为课程内容的一部分进行开设。学校也可以在每学期不定期邀请国内外知名空管法规专家及资深空管培训专家举办学术报告或讲座，使学员了解国内外航空法规发展变化的新趋势和新规定，正确认识空管运行对于社会、经济、环境的影响。

在与空管工作相关的众多部门与机构的协调中，需要具有一定的组织管理能力、表达能力、沟通能力和人际交往能力以及在团队中发挥作用的能力。因此在学员培养中应高度重视学员的组织管理能力和人际沟通能力。为避免工科学员重技术、轻组织管理，重个人学术水平、轻团队合作的问题，在人才培养上强调团队合作意识和组织管理能力的培养。空管专业所开设的人为因素、模拟训练等多门课程中，都应包含沟通交流、团队合作能力的培养环节；开设的管理学原理课程，能够起到丰富学员的组织管理知识的作用。此外，通过不定期邀请企业管理人员举办报告会和座谈会，并积极鼓励学员参加各种社团或兴趣研究小组，组织公益劳动、文艺汇演、暑期社会实践及其他社团活动，可以增强学员组织管理、个人表达和人际交往能力。

由于航空业属于技术密集型行业，各项空管新技术不断更新，需要学员具备终身学习的能力以适应环境的变化和发展。所以要求本专业毕业生必须对终身学习有正确认识，具有不断充实、完善知识体系的自我学习能力以及适应环境发展的能力。在课程设计中，通过设置自学环节，布置设计型作业，加强学员自学能力的培养，养成终身学习的习惯。此外，空管专业在就业指导、职业生涯规划等课程学习中，明确学习使命，注重学习意识的培养。

（二）数学和工程技术科学

数学和工程技术科学课程是为了培养学员应用科学的方法分析问题、解决问题的能力而设置的课程，主要包括高等数学、大学物理、线性代数、概率论和数理统计、大学英语、计算机语言等课程。

学科知识的学习是专业学习必不可少的，系统完善的知识体系是实践和创新的前提。为满足空管专业学员学习需要，帮助其建立系统的专业知识体系，空管专业开设了掌握文献检索、资料查询及运用现代信息技术获取相关信息的基本方法等课程。此类课程包括专业导论、科技文献检索、大学计算机基础等课程，帮助学员建立专业学科知识体系的整体概念，掌握科技文献检索、数据采集与分析、科研报告与科技论文撰写等方面开展工程科学研究的一些基本技能，逐步认识专业、研究专业、掌握专业的研究思路和方法，了解科学研究的基本流程及关键环节，从而初步形成对科学研究的认识和综合型思维的塑造。同时，各种数据库使用培训，大讲堂等在线咨询和包括读者培训、自建数据库、论文查收查引、文献传递以及数据库离线咨询服务等隐性课程的开设也大大满足了学员的学习需要。

为了使学员具有国际视野和跨文化的交流、竞争与合作能力，空管专业对学员的英语水平提出了较高的要求。比如中国民航大学的培养方案中设计了大学英语四年不断线、双语教学、国际交流与合作项目等。英语教学四年不断线是指学员学习的前两年采用分级模式的英语课程、后两年采用自主选修提高层次的英语课程，通过大学英语、高级英语（交通运输）、交通运输专业英语、航行英语文献阅读等课程以及英语竞赛等课外活动，保持英语学习四年不间断。实施因材施教，使不同水平基础和不同发展需求学员的英语水平和能力能够相应提高。除常规大学英语等级考试外，为更好适应行业需求，鼓励学员积极参加全国公共英语等级考试；双语教学是指在专业课程教学过程中,借鉴和引入国外优质教学资源,推动双语教学,及时在教学中选择和引进国内外学科的最新进展,提高课程国际通用程度,从而提升学员应用英语来学习和掌握学科先进知识的能力;另外,国际交流与合作培养也是提高学员英语水平和交流的重要途径。与国际上多个知名学府开展合作办学,输送学员赴国外进行交流学习,定期邀请国外专家学者担任兼职教师或举办讲座,定期派出专业教师到国外讲学、培训,从国外航空发达国家聘请资深管制教员来校任教等,都是开展国际交流与合作培养的方式。

二、专业理论课程

专业理论课程是与专业能力相关的基础理论方面的课程。在交通运输专业基本理论课程的基础上,设置大量与空中交通管理密切相关的课程,既体现理论基础的厚重,又满足军民航用人需求及专业发展的方向。为适应毕业生未来工作和发展的需要,提升毕业生的工程基础知识和基本理论,空管专业学员需要学习的专业理论知识包括系统分析及控制、运筹学、空中交通安全分析与管理、飞行性能能力学基础、非本学科导论课、空气动力学、航空气象、飞机系统、领航与导航、通信与监视技术、航空情报服务、空域规划、飞机性能工程、管制规则与程序、空管技术与方法、空管案例分析、航空公司运行管理、飞行计划、机场现场管理、航空公司运行案例分析、现场运行管理、机场运行规划与评估、航空客货运输等。

根据课程目标的不同,专业理论课程可以分为学科基础理论课程、专业基础知识课程、专业知识课程三部分。学科基础理论课程是为了培养学员应用专业理论和常用的方法进行研究的能力,主要包括空中交通系统优化与管理、空中交通安全分析与管理、空气动力学、系统分析与智能算法等课程。专业基础知识课程主要包括领航与导航、航空气象学、专业英语、航空法规与适航管理、空域规划、航空情报服务与航图、飞行观察与模拟、飞机系统和空管设备与系统等课程;通过对专业基础知识课程的学习,可以使学员了解航空运行主要元素、基本方法和流程以及航空运行管理中所涉及设备的类型、功能和基本结构。专业知识课程主要包括机场管制、程序管制及雷达管制方面的知识,飞机性能、飞行计划、航空公司运行管理方面的知识,现场运行管理、机场规划与管理等课程;主要是为了通过对此类课程的学习,使学员有所专长,以适应军民航空管任务、机坪运行管理等不同生产岗位的需要。

以中国民航大学为例,其交通运输专业的主干课程如下:空中交通系统优化与管理、领航与导航、航空情报服务与航图、空域规划、飞机性能工程、机场管制、程序管制、雷达管制、管制规则与程序、空管技术与方法。除了常规的交通运输专业课程学习外,专题讲座也是学员了解本专业发展前沿和趋势的有效学习方式,学校可以不定期聘请国内外空管行业知名专家和一线技术骨干到学院为师生举行关于空管新技术、新程序、新设备、新概念等方面的专题讲座。同时,还可以积极组织学员参加各学科学术讲座活动,开拓学员视野,激发学习兴趣,寻找学习兴奋点,了解学科前沿知识和动向;鼓励学员积极参加各类学科竞赛活动、发表论文等,展示学习与研究成果;引导学员参与教师的科研课题,了解行业发展动态。

三、专业实践课程

随着我国航空运输业的高速发展,我们国家对于管制员综合素质的要求越来越高,一个优秀的管制员在牢牢掌握管制专业基础课程的同时,还应该有基础的飞行、气动、飞机性能、领航导航等专业课程的综合应用能力。

实践课是理论课的延伸和扩展,专业实践课程是根据专业培养目标要求而设置的实践课程。以中国民航大学为例,为使学员具备综合运用科学理论和技术手段分析和解决工程问题的能力,交通运输专业开设的实践课程有陆空通话 CBT、非常规无线电英语通话、航空情报服务、航空中人的因素、机场管制、机场管制模拟训练、雷达管制、雷达管制模拟训练、程序管制、程序管制模拟训练等课程,除按教学计划实施的实践课程以外,实验室对学员课外开放,以满足学员提高工程能力的需求。例如,中国民航大学空管培训中心,按照教学计划和教学大纲的安排进行企业培养阶段工作,在保证教学基本要求的基础上,与一线培训主管部门及资深空管教员共同商量确定每个实践模块的具体实施方案和教学要求,重点开展三大管制实践课程、专业知识实践课程等。

首先,三大管制工程基础和实践课程已经形成了一线运行单位模式进行教学和实践的常态化机制,每年都会输送学员到一线培训中心、或者经与一线运行培训部门协商,单位派一线资深空管教员进行课程的教学指导,利用现有空管模拟系统,指导学员进行实践锻炼,大大强化了学员的工程实践能力。包括机场管制模块实践教学、程序管制模块实践教学、雷达管制模块实践教学。机场管制模块包括机场管制理论和机场管制实践。实践主旨是通过该模块学习,使学员熟悉各种实用的调配技巧,能够正确使用标准术语,做到规范填写进程单,掌握各项任务的操作程序。程序管制模块包括程序管制理论和程序管制实践。实践主旨是通过该模块学习,使学员了解进近和区域程序管制的责任与分工,掌握管制协调的程序和内容,培养学员使用标准程序和术语提供非雷达空中交通服务的技能。雷达管制模块包括雷达管制理论和雷达管制实践。实践主旨是通过该模块学习,使学员掌握雷达管制的基本规则和在空中交通服务中的应用,熟悉各种实用的调配技巧并正确使用标准术语,熟练掌握飞行进程单的填写规范和各项任务的操作程序,培养学员使用雷达系统提供空中交通管制服务的能力。

其次,专业知识实践课程主要包括管制联合运行实践、航空气象实践、航空情报服务实践、机场指挥程序设计四部分。管制联合运行的实践主旨是使学员通过实践,掌握航空器各个飞行阶段的调配方法和技巧、各管制运行单位之间的协调程序,达到联合运行。航空气象的实践主旨是学员通过实践,能识读和分析常用航空气象资料,掌握各种典型天气的分析方法;航空情报服务的实践主旨是使学员能熟练识读各种类型的航图,具备各种航空情报资料的综合运用和编制能力。机场指挥程序设计的实践主旨是使学员了解机场活动区规划与运行管理规定,理解机场运行管理程序的设计原则,掌握机场管制指挥程序设计和评估方法,机场停机位分配方法,完成机场管制指挥程序的设计。

四、军航特色课程

军航空管系统人才成长第一阶段(即空管基础教育阶段)为"2+2"生长干部学历教育培训(指 2 年的学历基础教育和 2 年的学历职业教育,总学制 4 年)。

"2+2"生长干部学历教育培训,其前 2 年的学历基础教育,由于身份的特殊性,其在接受普通教育课程学习外,还要学习军事院校的特色课程,包括:军人思想道德修养与法律基础、军队政治工作学、军人心理学、军事理论导论、作战基础知识、训练基础理论、共同条令、轻武器射击、军事地形学、军事通信基础、军事体育基本理论、体能训练、游泳、超越障碍、领导科学概论、军队基层管理等课程。在接受职业教育时,其军事院校特殊课程包括:军人心理学、军队基层政治工作、轻武器射击等。军民航空管教育内容体系如表 5-1 所示:

表 5 - 1　空管教育内容体系基本构成表

课程名称	课程内容
通识教育课程	马克思主义基本原理概论与实践、中国近现代史纲要及实践、思想道德修养与法律基础及实践、毛泽东思想和中国特色社会主义理论体系概论、高等数学、大学物理、线性代数、概率论和数理统计、大学英语、计算机语言、空中交通系统优化与管理、空中交通安全分析与管理、空气动力学、系统分析与智能算法
专业教育课程	系统分析及控制、运筹学、空中交通安全分析与管理、飞行性能力学基础、非本学科导论课、空气动力学、航空气象、民航概论飞机系统、领航与导航、空域规划、通信与监视技术、航空情报服务、飞机性能工程、管制规则与程序、空管技术与方法、空管案例分析、航空公司运行管理、航空客货运输、飞行计划、机场现场管理、现场运行管理、机场运行规划与评估、航空公司运行案例分析
专业实践课程	陆空通话 CBT、非常规无线电英语通话、航空情报服务、航空中人的因素、机场管制、机场管制模拟训练、雷达管制、雷达管制模拟训练、程序管制、程序管制模拟训练
军航特殊教育课程	毛泽东思想和中国特色社会主义理论体系概论、军人思想道德修养与法律基础、马克思主义基本原理概论、中国近现代史纲要、军队基层政治工作、军人心理学、当代世界经济与政治、人民军队历史与优良传统、轻武器射击、军事地形学、军事体育、地面防卫基础、领导管理等

五、在职培训课程

(一)民航在职培训课程

民航空管在职培训包括资格培训、设备培训、熟练培训、复习培训、附加培训、补习培训和追加培训。

1. 资格培训

资格培训是使受训人具备在管制岗位工作的能力,并获得独立上岗工作资格所进行的培训。进行雷达管制岗位资格培训前,受训人应当经过符合条件的雷达管制基础模拟机培训,通过考核,取得培训合格证。

资格培训的上岗培训时间不得少于 1000 小时。

2. 设备培训

设备培训是使受训人具备熟练使用新安装、以前未使用过或虽然使用过但现已有所更改的空管设备能力的培训。设备培训的对象为每个具备有关管制岗位工作资格且使用该设备的管制员和见习管制员。受训人未经设备培训,不得使用新安装、以前未使用过或虽然使用过但现已有所更改的空管设备。设备培训的内容包括:设备的基本工作原理和构成,功能及正确的操作方法,以及使用注意事项和禁止性规定。

设备培训时间的长短可以根据设备原理和操作的复杂程度由管制单位自行确定。

3. 熟练培训

熟练培训是指受训人连续脱离管制岗位工作一定时间后,恢复管制岗位工作前须接受的培训。熟练培训应当符合下列要求：

连续脱离该岗位90天以下的，由管制单位培训主管决定其是否需要进行熟练培训以及培训时间。经培训主管决定免于岗位熟练培训的，应当熟悉在此期间发布、修改的有关资料、程序和规则；

连续脱离岗位超过90天未满180天的，应当在岗位培训教员的监督下进行不少于40小时的熟练培训；

连续脱离岗位180天以上未满1年的，应当在岗位培训教员的监督下进行不少于60小时的熟练培训；

连续脱离岗位1年以上的，应当在岗位教员的监督下进行不少于100小时的熟练培训。

熟练培训内容包括：

1）了解脱岗期间发布的法规和规定；

2）掌握本管制单位程序规则的变化；

3）熟悉管制工作环境；

4）恢复管制知识和技能。

4. 复习培训

复习培训是使空管人员熟练掌握应当具备的知识和技能，提供大流量和复杂气象条件下的管制服务，并能处理工作中遇到的设备故障和航空器突发的不正常情况所进行的培训。空管人员应当每年至少进行一次复习培训和考核。机场、进近、区域管制员模拟机培训时间不少于40小时。雷达管制员在满足40小时雷达管制模拟机培训的基础上，可以根据实际情况适当减少程序管制模拟机培训时间，但不得少于20小时。复习培训包括正常、非正常情况下空管知识和技能的培训。机场、进近、区域管制员非正常情况下的空管知识和技能培训，至少应当包括下列航空器和空管设备运行过程中突发的非正常情况两方面内容。

航空器在运行过程中突发的非正常情况：

1）航空器无线电失效；

2）航空器座舱失压；

3）航空器被劫持；

4）航空器飞行能力受损；

5）航空器空中失火；

6）航空器空中放油；

7）航空器迷航；

空管设备运行过程中突发的非正常情况：

1）二次雷达失效，用一次雷达替代二次雷达工作；

2）雷达全部失效，由雷达管制转换到程序管制；

3）其它设备故障。

5. 附加培训

附加培训是在新的或修改的程序、规则开始实施前，为使管制员熟悉新的或修改过的程序、规则进行的培训。管制单位培训主管应当根据程序、规则变化的程度，决定培训内容和所需时间。附加培训应当采取下列方法：

1）组织相关人员学习，并进行考试；

2）进行模拟培训，确保正确掌握新的或修改过的程序、规则；

3）适时进行岗位演练；

4）模拟培训和岗位演练，应当在组织理论学习后进行。附加培训需要由两个或两个以上单位联合进行时，应当明确组织单位和负责人。

6.补习培训

补习培训是指为改正管制员工作技能的缺陷而进行的培训，补习培训由管制单位培训主管根据情况组织实施。补习培训应当采用下列方法：

1）组织受训人学习有关文件、规定、程序，并进行考试；

2）组织模拟培训，并进行考试；

3）管制员经过补习培训，未通过补习培训考试的，管制单位应当暂停该管制员在其岗位工作。

7.追加培训

追加培训是指由于受训人本人原因，未能按规定通过培训，应当增加的培训。追加培训时间为预计培训时间的四分之一至二分之一。每种培训的追加培训最多不得连续超过2次，否则管制单位应当终止培训，并暂停该管制员在其岗位工作，并重新进行相应种类的培训。追加培训的结果要记入《岗位培训评估报告表》。

(二)军航在职培训课程

军航空管岗位培训主要包括在岗培训、换装培训、管制业务提高培训、英语培训、换岗培训、战时航空管制培训、继续教育和军民航交叉培训等（见图5-1）。

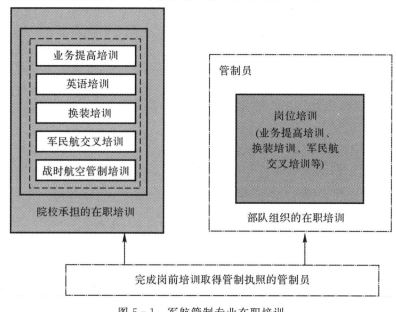

图5-1 军航管制专业在职培训

1. 在岗培训

在岗培训是指为使管制员具备高效完成工作任务所进行的知识、技能和态度训练。在岗培训通常在新管制员就业的第一年见习期实施,表现为安排新管制员跟着有经验的老管制员或主管领导工作,由这些经验丰富的老管制员进行指导帮带、工作轮换和团队行动学习等。指导帮带是一种传统的在职培训方式,没有特定的方法和程序,新管制员只是从观察和体验中获得技能,其程序有口头传授、亲手示范、练习和检查反馈等环节。现代国家教育训练推行"导师制",导师对学员的指导不仅包括知识、技能的指导,也包括品行、态度方面的指导;工作轮换亦称轮岗,指根据工作要求安排新管制员在不同的管制岗位工作一段时间,以丰富新管制员的工作经验。工作轮换能丰富管制员的工作经历,了解管制工作内容和职责,能识别管制员的长处和短处,为新管制员安排工作岗位提供依据;团队行动学习是指为了培养管制员团队协作精神,组织多个新管制员让他们合作解决并制定一个管制计划,然后由他们负责实施的培训方法。管制值班组的可靠性是指多名管制员在一定条件下协作完成规定管制任务的能力,该能力也是由管制团队行动学习而培养来的。

2. 管制业务提高培训

管制业务提高培训是对管制人员提高业务知识和技能的培训,包括模拟机培训、新技术新规程培训、新知识培训、军事理论培训等。

3. 英语培训

英语培训是使管制员达到国际民航组织及从事管制工作要求的英语等级。

4. 换装培训

换装培训是指当管制新设备或新程序引进时,安排管制人员由院校教授或设备研发部门的工程师对管制员进行集中训练。管制部门装备新设备或新程序之前,必须及时进行换装培训,使管制员能够熟练地使用新设备或新程序,并有效发挥其功能。随着我国由程序管制向雷达管制的过渡,围绕雷达管制教育训练的需求将逐步增大。军航的换装培训与民航的设备培训基本相同。

5. 换岗培训

换岗培训指在机场管制机构、分区管制机构、区域管制机构及其他管制岗位互换时进行的培训。

6. 战时航空管制培训

战时航空管制培训明确航空管制在现代联合作战中的地位和作用,了解战时航空管制机构和岗位设置、职责和任务划分,掌握战时航空管制计划制定及管制保障工作流程。

7. 继续教育

空管任务不仅对管制员的知识、技能、经验等有特殊要求,也对年龄、反应能力、判断力等提出了更高要求。从我国民航管制员年龄结构上看,目前管制员的年龄普遍年轻,35岁以下的管制员占一线管制员总数90%以上,管制员一旦过了年龄、反应能力、判断力的最佳时期,个人何去何从,如何发展就是一个很现实的问题。因此,对于热爱空管事业,有志为国家空管事业奉献的管制人员来说,寻求继续教育和个人发展也是空管教育培训不可忽视的内容。

8. 军民航交叉培训

为了适应军民航联合办公和互派联络员需要,通过职位知识讲解、职位示范和职位轮换等方式,对军航与民航的设备、技术、管制任务、团队交互作用和对方管制员情况的了解和熟悉。

第六章 空管教育的组织实施

教育的组织实施是将编制好的课程和培养计划付诸实践的过程,是实现预期的教学目标,达到预期的教育目的,实现预期教育结果的手段。教育的组织实施不仅仅是教师教的过程,更是学员学的过程。空管教育的组织实施是指将规划的空管专业课程付诸实际教学行动的实践过程。

第一节 空管基础教育的组织实施

军民航空管基础教育的组织实施,是为了统一规划管理军民航教育资源,为实现国家统一管制创造条件,培养军民航两用人才。

一、军民航空管基础教育组织实施的基本要求

为了规范军民航管制人员的基础教育工作,加强对军民航空管基础教育工作的管理,结合空管教育工作的实际情况,对其基础教育的组织实施提出了相应的要求,主要涉及空管教育机构、管制教员、基础教育的开展、毕业考核和接受教育记录这五个方面。

(一)空管教育机构

从事为取得管制员执照而进行空中交通管制培训活动的空管教育机构应具备如下资质:

(1)具有健全的培训管理制度,包括学员管理制度、教员管理制度、教学管理和考核制度、教学设施设备管理制度和档案管理制度。

(2)具有与开展培训种类和规模相适应的专职管理人员和教学人员。

(3)具有固定的、满足开展培训种类和规模要求的场地和设施。

(4)具有与开展培训种类和规模相适应的教学及模拟设备。

(5)具有符合培训大纲要求的管制培训教材。

(6)具有有效的管制培训质量管理制度。

(二)管制教员

根据交通运输类专业教学质量国家标准,各高等学校交通运输类专业应当建立一支规模适当、结构合理、相对稳定、水平较高的师资队伍,以满足该专业教学需要。

从事基础教育的管制教员应具备如下资质:

(1)根据国家标准,从事空管教育工作的教师,其本科、硕士和博士学历中,应至少有一个为交通运输类专业,或需要不少于 1 年的专业培训。对有相关要求的专业,应取得行业岗位资质证书或培训证书,且其专业背景要与专业的教学研究方向相适应。专任教师必须具有高等学校教师从业资格(高等学校教师资格证书)。

(2)从事空管教育教学(含实践教学)工作的主讲教师,应每 3 年有 3 个月以上的工程实践(包括现场实习或指导现场实习、参与空中交通运输工程项目开发、在空中交通运输企业工作等)经历;一般应有一定数量的有企业工作经历的人员从事专业教学;从事本专业教学工作的主讲教师应有明确的科研方向和参加科研活动的经历。

(3)爱岗敬业、责任心强,乐于教学,对受训人的表现评价客观、公正。

(4)善于总结、概括空管知识与技能,有良好的沟通、组织、协调和语言表达能力。

(5)具备理论和模拟机教学的技巧和能力。

(6)持有管制员执照。

(7)在管制岗位工作或者在管制培训岗位辅助工作 1 年以上。

从事基础教育的管制教员的职责如下:

(1)按照教学大纲进行培训并对教学质量负责。

(2)将培训种类所需要的管制知识、技能传授给受训人。

(3)适时对受训人进行评价,指出不足并提出改进意见。

(4)每次教学活动结束后,填写教学记录。

(5)对教学效果进行分析、研究,提出改进教学的意见。

从事基础教育的管制教员的权利如下:

(1)根据培训情况向培训机构提出培训建议。

(2)参加培训机构组织的提高培训。

(3)根据受训人培训情况做出通过、暂停、终止其培训的决定。

基础教育教员由管制教育机构统一聘任、管理。管制教育机构应当及时将教员聘任情况报有关军民航空管部门备案。

(三)基础教育的开展

所开展的基础教育应当符合以下规定:

(1)按照有关军民航空管部门的要求开展基础教育,并制定相应的培养计划。

(2)按照规定的种类和培养大纲开展教育工作。

(3)按照培养大纲规定的标准对受训人进行考试考核。

(4)适时对已完成的基础教育工作进行分析并评估,提出改进培养工作的意见,修订培养计划。

(5)使用符合行业标准的模拟训练设备。

(6)按照规定保存培养记录。

(四)毕业考核

开展基础教育机构应当向完成培养计划并通过考试考核的受训人颁发基础教育合格证。基础教育合格证或相关结业毕业证书内容应包括培训合格证编号、受训人姓名、照片、身份证号、培训种类、培训时间、培训单位签章等。

开展基础教育机构应当及时将基础教育合格证的颁发情况报有关军民航空管部门备案。基础教育合格证颁发情况应便于有关军民航空管部门查询。

(五)接受教育记录

接受基础教育后,相关基础教育机构应当妥善保存基础教育记录。基础教育的教学种类,教学计划,教学时间,教员名单,受训人名单,受训人的培养、考试、考核、评价以及颁证情况等记录应当永久保存。

二、军民航空管基础教育的组织实施

军民航空管基础教育既具有统一性又具有差异性,其组织实施包括空管教育目标、空管课程体系、空管教育师资队伍、空管教育对象、空管教育支撑条件和空管教学质量监控等。

(一)空管教育目标

空管教育目标是整个专业建设和发展的核心,也是教与学的风向标。过去的 30 年中,随着空管行业的发展和空管新技术的持续更新,该行业对人才培养质量的要求也发生了较大变化,相应的,空管教育目标也历经多次调整,以便更好地满足各空管单位对人才的需求。

通过空管系列课程的学习,以及对接空管岗位的应用能力训练,掌握管制运行控制、飞行运行控制、空域规划与情报、空管信息与仿真的知识和专业理论,具备从事空管工作的基本素质和能力,成为熟悉国内外专业发展动态,具有航空安全意识、较强实践和创新能力、严实作风和协作精神,符合高技能、高技术、高素质、国际化、规范化的工程技术及管理人才。这就是空管教育的目标所在。

空管专业毕业生的发展预期:在空中交通管理方向,1~2 年可以考取管制员执照;2~3 年后熟悉国内外管制规则、程序与方法,使用双语(中文和英文)安全、娴熟指挥大流量空中交通,具备繁忙空域独立管制能力;4~5 年后能够冷静、正确处置各种非常规情况,以系统工程的理念对空管自动化系统整体运行、飞行程序优化、空域管理、管制方法改进、流量管理、班组资源管理等方面提出合理的思路和方案,对管制运行中存在的各种问题给予技术支持。

(二)空管课程体系

课程体系是空管专业培养目标和毕业要求的重要实现方式,是培养方案的关键组成部分。在遵循高等教育基本要求的基础上,结合航空业发展对高素质专业人才的需要和国际航空业的发展趋势,为支持本专业培养目标和毕业要求的达成,形成强化基础、注重实践、科学合理的课程体系。

根据本专业的培养目标和毕业要求,确定本专业的课程设置分类如下:

1. 数学与自然科学类课程(28.5 学分,占总学分 15.5%)

高等数学 A(10),线性代数(2),概率论与数理统计(3),运筹学(交通运输)(3.5),普通物理(6.5),物理实验(3.5)。

2. 工程基础、专业基础、专业类课程(75 学分,占总学分 40.8%)

(1)工程基础类课程(21)。

大学计算机基础(2),VB 语言程序设计(3),空气动力学(2.5),系统分析及控制(3),空中交通安全分析与管理(2.5),非本学科导论课(8)。

(2)专业基础课(32)。

航空气象(4.5),民航概论(空管)(3),飞行性能力学基础(2.5),飞机系统(4),领航与导航(3),通信与监视技术(2.5),交通运输专业英语(2.5),航空中人的因素(1),航空情报服务(4),空域规划(3),航空法规(交通运输)(2)。

(3)专业类课程(22)。

根据三个不同专业方向选取不同的成组课程,各组均为 22 学分,其中理论环节部分 17 学分、专业选修课 5 学分。

3. 工程实践与毕业设计(38.5 学分,占总学分 20.9%)

(1)工程实践(29.5)。

航空中人的因素实践(1),航空情报服务实践(2),空域规划课程设计(1.5),陆空通话CBT(2),非常规无线电英语通话(2),科技文献检索(0.5),素质拓展(共 8 学分,其中 4 学分为工程实践类拓展活动),飞行观察与模拟实践(1.5),专业成组选实践课(15 学分,为三个方向平均值)。

(2)毕业设计(论文)(9)。

毕业设计(论文)(8),交通运输专业认识实习(1)。

4. 人文社会科学类通识教育课程(42 学分,占总学分 22.8%)

毛泽东思想和中国特色社会主义理论体系概论(理论)(3),毛泽东思想和中国特色社会主义理论体系概论(实践)(2.5),思想道德修养与法律基础及实践(3),中国近现代史纲要及实践(2.5),马克思主义基本原理概论及实践(3),军事理论(1.5),形势与政策(1),大学英语读写译(8),英语语音(2),大学英语听说(实践)(8),大学生健康教育(0.5),体育(4),军训(2),入学教育(0.5),毕业教育(0.5)。

综上,本专业学员在毕业时至少应取得 184 学分。通过统计计算得知:数学与自然科学类课程约占总学分 15.5%;工程基础、专业基础、专业类课程合计占总学分 40.8%;工程实践与毕业设计(论文)占总学分 20.9%;人文社会科学类通识教育课程占总学分 22.8%。具体教学计划的先修关系如图 6-1 所示。

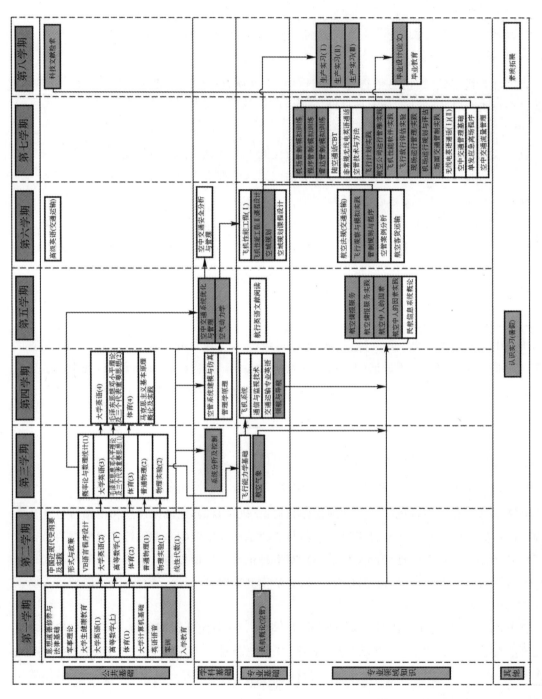

图6-1 教学计划先修关系图

(三)空管教育师资队伍

空管专业一直坚持引进和培养相结合、校内专任教师、企业(部队)专任教师、企业(部队)兼职教师相结合的方式加强师资队伍建设,积极聘请一线空管专家承担教学任务,教师数量快速增长,师生比合理。

1.师资队伍结构

(1)积极扩大专任教师规模。随着招生规模不断扩大,为保证教学质量,积极引进专任教师,其数量稳步增长。

(2)建立外聘教师队伍。根据高级应用型人才培养的目标定位和空管专业特点,通过聘请国内外空管资深教员,担任企业专任教师、企业兼职教师的方式,建立了一支实践经验丰富、相对稳定的外聘教师队伍,体现了空管教育对工程能力和英语应用能力的要求。

(3)合理配置教师资源。通过不断深化人事分配制度改革,建立关键岗、重点岗、基础岗,并建立各层次的教师奖励制度,不断完善教师全员全程激励机制,促使一批优秀中青年骨干教师脱颖而出,保证了教师资源的合理配置。

2.教师能力体现

通过制定空管专业师资培养计划,采用引进与自主培养相结合、校内学习与岗位实践相结合、国内培养与国外培训相结合的教师培养路径,参考教师的个性特征、兼顾发展需求,对教师进行个性化培养。通过培养,教师教学能力大幅提升,专业水平更加精湛,工程经验日趋丰富,职业发展能力不断增强。

主讲教师均通过资质关、专业学习考核关、助课关、试讲关并接受教学能力持续培训。

资质关,指所有新进教师均参加高校师资培训中心主办的教育理论培训班,通过考核,并具备申请高校教师资格的条件。专业学习考核关,指所有非交通运输专业新进教师均参加系统化的改专业学习,要求学习成绩排名所在班级前20%,即为合格。助课关,指上新课和新上课教师完成专业学习和实习后,根据所属课程组安排,担任资深主讲教师助教,实施主讲教师负责制。试讲关,指上新课和新上课教师在开课前必须通过试讲程序,经评议小组评议合格后方可正式授课。教学能力持续培训是指为了提高教学水平,要求教师定期参加观摩教学或专题培训,由具有丰富教学经验的教师进行教学方法、教学艺术、课堂组织等方面的指导。

本专业鼓励教师参与课程建设、专业建设和科研工作,鼓励教师将新的研究成果渗透到专业教学中,持续保持教学内容的新颖性和先进性,促进教学水平的整体提高,将教学与科研有效融合,充分利用科研优势,带动教师队伍建设、教学内容改革,并开展围绕教学的科研创新活动。

特色专业的教师都应具有深厚的行业背景和行业情怀,应熟悉行业的生产实际和操作流程,了解生产一线和科学技术的前沿问题。专业教师的工程经验在专业技能、英语水平和工程应用水平等方面得到体现。

教师不仅要有良好的专业水平,还应具备较强的沟通能力。

为提升教师长远发展能力,做好职业规划,交通运输专业通过采取主讲教师分方向培养、骨干教师培养、定期岗位培训或挂职锻炼、科研能力培养等多项举措提升教师的全方位素质。

3.教师教学工作

作为航空系统国家级特色专业,空管教育承担着航空特有专业人才的培养工作,对学员培养质量有着很高的要求。为此,空管院校对不同层次、不同类别教师制定了相应的教学工作量要求。对资深教授承担本科基础课程教学工作有明确要求,对教师开设新课程有鼓励政策,从而确保教师有足够的时间和精力进行本科教学和学员指导,并投身于教学研究与改革。

(1)教师教学工作量。在年度考核规定中根据教师岗位级别不同,对教师基本工作量进行了详细规定,确保教师教学工作量适中。要求副教授及教授职称的教师必须承担一门及以上的本科课程教学任务,年度考核、绩效与工作量完成情况直接挂钩。

(2)教学激励措施。鼓励资深教授承担本科基础教学,激励教学改革和教学立项。

4.教师对学员指导职责

本专业采用多种方式、多种渠道为学员提供行业培训和学业、生活、就业指导,对学员职业生涯规划和职业从业教育提供足够的指导。

(1)本科生导师制度。本专业的大部分教师作为本科生导师参与学员指导。

(2)岗位教师从业指导。利用聘请的岗位教师,定期为学员进行职业生涯规划和职业从业教育指导讲座,同时兼职教师通过授课中的言传身教,将岗位对从业人员的知识、能力、作风、品质的要求传递给学员。

(3)一线业务骨干从业指导。本专业经常邀请一线业务骨干进行民航领域最新技术、新程序、新方法的讲解,同时为学员进行职业生涯规划和职业从业教育指导讲座,组织他们与学员进行面对面的业务交流。

(4)国外教育培训机构定期讲座。邀请国外行业教育培训机构为学员进行空管领域先进技术的培训。

(5)有针对性的培训和指导。为拓展学员的知识面及专业视角,积极创造机会为学员进行有针对性的培训和指导。

5.教师教学质量的提升机制

教学质量的高低直接决定着人才培养质量的好坏。空管院校认真贯彻落实教育部"质量工程",同时结合新修订的交通运输专业人才培养方案,以课堂教学为切入点,开展课堂教学研讨、教学基本功竞赛等系列活动,强化广大教师课堂教学质量意识,规范课堂教学行为,优化课堂教学环节,更新教学内容,改进课堂教学方法和多媒体教学手段应用技能,做到教研内容具体化、教研形式多样化、教研成果实效化,以教研促教学,切实提高教学效率和教学质量。

(四)空管教育对象

学员是教育的主体,其素质和能力是学校教育成效的最终体现。空管院校应始终坚持以行业需求为导向、以学员素质提高为抓手、以能力培养为根本,从源头抓起,高度重视学员的过程管理与精细化指导,注重学员素质培养与行业对人才素质需求的有效对接,以开放和包容的态度对待学员校内流动、校外交流,精心教育、科学管理、精细服务,为航空业的发展培养大批基础厚、实践强、素质高的优秀人才。

1.优秀生源吸引措施

随着航空运输业的高速发展,对空管人才的需求激增,学校在加大优秀生源选拔力度的同时,出台了一系列的政策,确保生源质量不断提高。

　　1)借助媒体力量,加强行业宣传。

　　2)建立畅通机制,确保优中选优。

　　3)搭建国际平台,融入世界体系。

　　4)健全奖助学机制,激发学习动力。

　　5)以需求为导向,拓宽就业渠道。

　　6)调整招生策略,提高生源质量。

2.开展有效的学员指导

　　空管院校应高度重视学员指导工作,本着育人为本、德育为先、能力为重、素质为基的思想,坚持以人为本、因材施教的原则,着力培养学员主动性、自觉性、选择性、创造性的能力和素质。

　　(1)以年级主任和本科生导师为主体,开展过程指导和精细化指导。

　　(2)就业指导与职业规划有机结合,引导学员明确行业使命。

　　(3)普及心理健康教育,分类开展心理指导。

3.建立综合评估机制

　　本着全面推进素质教育、激励学员努力学习、突出创新精神和工程实践能力培养的基本原则,建立了学员综合测评制度,采取定性评价与定量评价相结合、过程评价与结果评价相结合、日常表现与特别表现相结合、自评与互评相结合的方式,从思想品德、课业学习、荣誉竞赛等多方面对学员进行综合评定。

　　(1)构建规范完备的评估评价机制,确保学员培养目标顺利实现。

　　(2)建立科学的考评制度,确保考试成绩与毕业要求一致。

　　(3)建立完备的学员学习状况评估文档。

　　(4)实施科学有效的毕业标准审查制度。

(五)空管教育支撑条件

　　长期以来,空管院校始终坚持以教学工作为核心,按照"教学工作是经费投入的中心"的原则,优先保证本科教学基本建设和日常教学工作经费的投入,不断改善教学条件,并从管理入手不断提高资源利用率。

1.实验室与教室状况

　　实验室和教室作为教学实施的重要场所,是开展教学工作的最基本支持条件,并为人才培养提供了有力保障。为了使空管学员拥有较为完备的实验室和教室资源,需建立多个综合实验室,包括程序管制、雷达管制、机场管制、飞行运行控制、现场运行管理、飞行模拟、人为因素、流量管理仿真、图像处理和动画制作、机场运行仿真与容量评估、空管数据库与管制技术评估、空域规划与技术评估、空管自动相关监视等多个实验室,在数量和功能方面满足实践课程的教学需要。通过合理安排教学计划,延长实验室开放时间等办法,充分利用实验室现有资源。

2.教室管理

　　教室是教学活动的基本场所,是重要的教学资源,一个空管院校应拥有普通教室、绘图和制图教室、多媒体教室、语音室、CBT教室、计算机房等各类功能教室,以满足各类教学需要。

同时为保证教室的科学管理和充分使用,提高教学服务质量,规定由学校教务处对教室使用进行统一分配,任何单位与个人未经批准不得随意使用教室。

3.教学经费

空管院校应不断采取各项措施,加大对本专业教学经费的投入力度,优先保障教学软硬件的购置及教学条件和教学环境的改善。另外,每年应投入一定的经费用于教材编写、课件开发、新课程开发等课程建设活动,以及教学研究与教学改革的立项和奖励。

教学经费由空管院校统一管理,教学建设项目落实到人,经费额度到人,报销时需经过严格的审批手续。重大教学建设项目必须经过立项申报、论证、审批、拨款、经费使用检查、结题报告(含经费使用情况报告)等程序。实验室与教学建设项目费用由项目负责人和分管领导管理。定期对教学经费使用情况进行检查,保证使用合理。

(六)空管教学质量监控

教学是实现培养目标和毕业要求所必需的实施环节。优良的教学质量是培养目标良好达成的前提和重要保证,而教学质量的持续提高依赖于一套高效的教学质量监控机制。空管专业的教学质量监控机制主要包括教学管理机制、教学质量控制体系和培养效果的持续评估机制等。

1.教学管理机制

教学管理是对教学工作全过程进行决策、计划、组织、指挥、调节、监督和评价,在学校管理中占有极其重要的地位。为了保证教学质量的持续提高,空管院校应制定一套比较完善的教学管理机制,如图 6-2 所示。

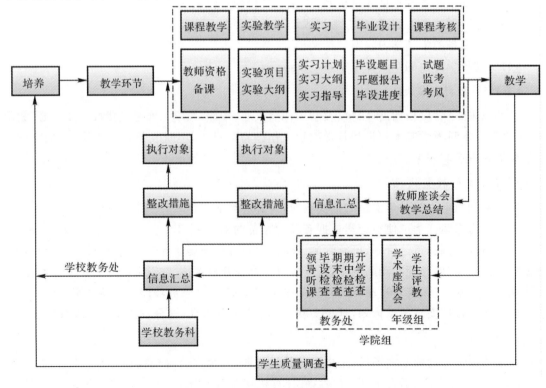

图 6-2　教学管理机制图

2.教学质量控制体系

经过多年的探索与实践,结合高等教育规律和人才培养特点,空管教育从分析人才培养的环节出发,形成了科学、规范、完整的教学管理规章制度体系,构建多形式、多参数、多层面、全过程的教学质量控制体系,明确了教学全过程以及各环节的主要质量监控点和质量标准,充分体现知识、能力、素质的统一,形成持续提高教学质量的机制。

教学质量监控是保证人才培养目标与实际教学质量动态适应的重要教学管理职能。空管教学质量监控体系主要包括:确定目标,建立质量标准,明确监控对象,收集、整理、分析与反馈信息,开展评估和调控等。

教学质量控制体系包含教学环节质量标准。空管教育院校应制定关于教师任课资格、本科专业设置、课程开发、教材选用与供应、教学实验室设置、实习教学基地建设等规章制度。教学计划、执行计划、教学大纲、教材、备课、课堂讲授、实验、实习、课程设计、毕业设计(论文)、作业、辅导答疑、考核是教学活动的主要环节,还应制定关于教学计划、课程建设、教材建设、教师本科教学、实验教学、本科学员实习、课程设计、毕业设计(论文)、课程考核等管理规章制度,作为各主要教学环节的质量标准。

3.培养效果持续评估机制

教学是一个高度计划、严密组织的过程,对这一过程进行持续的评估,主要包括对培养目标达成的持续评估机制,对毕业生出口要求的持续评估机制和对课程目标达成的持续评估机制。

(1)对培养目标达成的持续评估机制。应实施学分制管理,培养目标通过培养方案分学年逐步实现,凡在3年内修满本专业教学计划的各教学环节,并取得毕业所规定的最低学分,可申请提前毕业。学员在标准学制(4年)内,未修满本专业教学计划所规定的最低学分,或自愿放慢学习进度的,可以申请延长学习年限,学员在册时间不得超过最长学习年限(6年)。

在培养过程中,每学期应对学员的学习成绩进行检查,分析评估其学习过程的实际完成情况,每学年都要对学员的培养阶段目标的达成进行一个初步评估,与该阶段培养目标要求进行比对分析,及时找出问题,提出整改措施,保证学员达到该阶段的培养目标。通过每学年的分阶段评估,在要求的学业期限内最终达到培养目标的要求。

(2)对毕业生出口要求的持续评估机制。一是动态跟踪分析:学校教务处及学院教务科主要通过审核学员学习成绩,并进行动态分析,做好学业警告工作,同时对学员进行毕业审核,保证毕业出口各项能力的实现。二是学籍管理工作:空管院校制定了一系列用来审核学员各项能力是否达到毕业要求的管理文件,如《中国民航大学本科生毕业资格审核办法》(试行)。这些文件对本专业出口要求的评估给予了有效的制度保证。

(3)对课程目标达成的持续评估机制。学员培养目标的实现和毕业出口要求的达成主要是通过学员在学校的课程学习来实现的。持续评估机制对学员所学各门课程的目标达成状况都可进行评价。

为了更好地促进学员培养目标的达成,在教学过程质量监控机制的基础上,学校和学院应建立社会评价机制和毕业生跟踪反馈机制,也可称为培养效果反馈机制(见图6-3)。

空管院校每3～5年制定一次专业建设规划。专业建设的主要内容包括培养方案修订、培养目标调整、师资队伍建设、课程建设、教材编写出版、教学研究与改革、实验室与实习基地建设、图书资料建设等,在专业建设过程中,所积累的教学文件要做到适时归档。

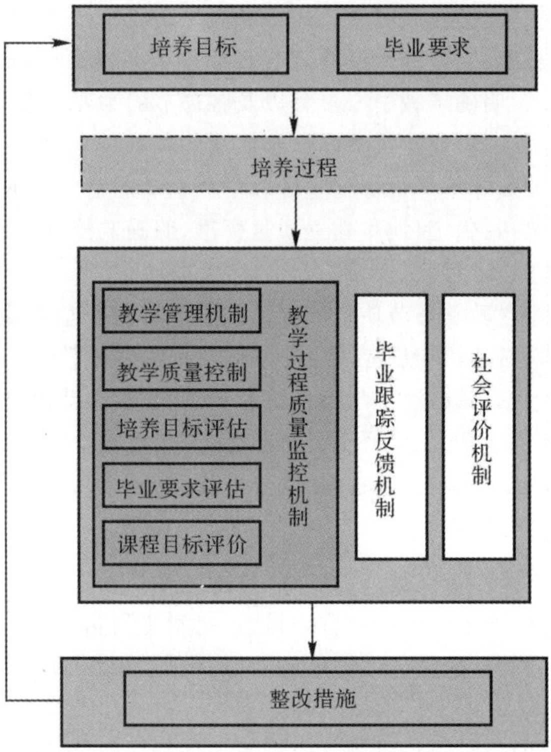

图 6-3　培养效果反馈机制图

(七)军航空管教育特色组织实施

军航对空管教育的组织实施并不局限于普通教育,由于其本身的特殊性,军航空管教育也拥有其特殊的组织实施方式。

军航空管系统是"2+2"生长干部学历教育培训(2 年的学历基础教育和 2 年学历职业教育,总学制 4 年),详细课程实施如表 6-1 和图 6-4 所示。

表 6-1　军航空管基础教育"2+2"模式实施表

课程模块	课程名称	学时安排		
		讲授	实践	合计
装备通用原理	空管运行与管理	80		80
	飞行流量与空域管理	30	30(30)	90
操作维护技能	机场/塔台管制		40(40)	80
	分区/进近管制		40(40)	80
	区域/航线管制		40(40)	80

说明:括号外数字为课内必修课时,括号内数字为课外学习课时。

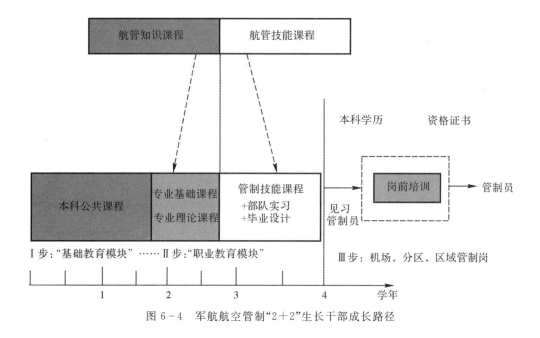

图 6-4 军航航空管制"2+2"生长干部成长路径

第二节 空管在职培训的组织实施

一、军民航空管在职培训组织实施的基本要求

(一)开展在职培训管制单位

(1)开展在职培训管制单位的职责如下:

1)制定本管制单位的在培训计划,适时修改和补充,并组织实施;

2)依据规定和在职培训计划,拟定该管制单位的培训方案,并适时修改和补充;

3)组织编写适用于该管制单位的管制岗位培训教材;

4)选拔、聘任、培训本管制单位岗位培训教员,组建培训组;

5)根据培训组的建议,对受训人作出结束培训、追加培训、暂停培训、继续培训或终止培训的决定;

6)监督检查本管制单位培训计划的实施情况。

(2)开展在职培训管制单位应具备的条件:

1)具有健全的培训管理制度。包括受训人管理制度、在职培训教员管理制度、培训管理和考核制度、质量管理制度、培训设施设备管理制度和培训记录管理制度;

2)有指定的部门或者人员负责本管制单位的在职培训工作;

3)具有与开展在职培训种类和受训人数相适应的在职培训教员;

4)具有满足开展在职培训种类和规模要求的场地、设施、设备;

5)具有符合培训大纲要求的在职培训材料。

(二)培训教员

(1)在职培训教员应具备的条件:

1)爱岗敬业,责任心强,能够客观地对受训人的表现作出评价;

2)持有有效管制员执照,具有5年以上空中交通管制工作经历;

3)在教学内容相关的管制岗位工作2年以上;

4)有良好的组织、协调和语言表达能力;

5)业务技能熟练,此前连续3年未因本人原因导致严重差错(含)以上事件。

(2)在职培训教员的职责:

1)将自己所掌握的管制知识、技能传授给受训人;

2)对受训人在受训期间的工作,进行不间断的指导、监督,并对其正确与否负责;

3)按照培训大纲进行培训并对培训质量负责;

4)适时对受训人进行讲评,指出不足并提出改进措施,填写培训记录;

5)适时开展工作技能检查和资格检查,在机场、进近、区域管制员每次实地操作和模拟培训后填写相应的培训考核报告;

6)对见习期满的见习管制员提出继续见习或转为正式管制员的建议;

7)纠正受训人发出的管制指令或所做的协调、移交内容。

(3)在职培训教员享有的权利:

1)根据培训情况向管制单位提出受训人追加、继续和终止培训的建议;

2)按照规定对受训人进行考核;

3)参加教员再提高培训。

(4)管制单位在职培训教员由本单位聘任,报有关军民航空管管理部门备案。教员不再符合聘任条件或者不能正确履行教员职责的,原聘任单位应当及时解聘,并报有关军民航空管管理部门备案。

(5)从事模拟机培训的模拟机在职培训教员,应当具备模拟机教学的技巧和能力,并通过有关军民航空管管理部门组织的培训与考核。

(三)受训人

受训人在职培训期间,未经教员允许,不得擅自发出管制指令、进行管制移交或操作各种设备。受训人在岗位培训期间违反规定,导致事故征候或事故的,所在单位应当根据情节轻重延长其培训时间或者终止其在职培训。

(四)在职培训的开展

(1)开展在职培训应当符合以下规定:

1)按照规定制定相应的在职培训计划;

2)按照培训种类和培训大纲开展培训工作;

3)按照培训大纲规定的标准对受训人进行考试考核;

4)适时对已完成的培训工作进行分析、研究并评估,提出改进培训工作的意见;

5)使用符合行业标准的模拟训练设备;

6)按规定上报年度在职培训情况;

7)按照规定保存培训记录。

(2)开展在职培训的管制单位每年年底前应当将本单位的本年度培训完成情况和下一年度在职培训计划报有关军民航空管管理部门。

(3)在职培训应当在培训主管领导下按计划实施。

(4)培训组在职培训教员应当根据培训计划编写培训材料和详细培训安排,并报相应管制单位培训主管。

(5)每种类型的在职培训都应当成立培训组。进行资格培训时,每一培训组中只能有一名受训人;进行其他培训时,每一培训组中可有多名受训人;进行模拟操作和实地操作时,每名受训人应当有一名相应的岗位培训教员监督指导。

(6)管制单位培训主管应当为每名受训人制定包括下列内容的培训计划:

1)培训要求和预计完成时间;

2)培训目标和内容;

3)培训组的职责;

4)受训人需要注意的事项。

(7)在职培训过程中,管制单位培训主管应当随时注意培训进展情况,并做好下列工作:

1)就培训组教员的建议做出决定;

2)加强对培训过程的持续指导和监督,发现问题及时与培训组研究解决;

3)考察岗位培训教员的工作和培训情况,及时撤换不能胜任的教员。

(8)在职培训教员和管制单位培训主管在培训过程中和培训结束后,应当对受训人的工作技能进行检查,并填写相应的在职培训评估报告。

(五)培训记录

(1)完成在职培训后,受训人所在管制单位应当妥善保存每位受训人岗位培训记录。在职培训的培训计划,培训内容,岗位培训教员,培训情况,考试考核、评价,培训结论等记录应当至少保存10年。

(2)管制单位应当为接受本单位在职培训的管制人员在申请执照或者执照注册时出具在职培训证明。

二、军民航空管在职培训的组织实施

在职培训,是为了使受训人掌握适应岗位所需的专业技术知识和专业技能在管制单位进行的培训。在职培训包括资格培训、设备培训、熟练培训、复习培训、附加培训、补习培训、追加培训、在岗培训、换装培训、管制业务提高培训、英语培训、换岗培训、战时航空管制培训、继续教育和军民航交叉培训等。

管制培训大纲由军民航有关空管管理部门统一制定。各管制单位和管制培训机构应当根据管制培训大纲并结合培训的具体类别和内容,制定培训计划并组织实施。根据此要求建立的管制基础培训大纲与情报基础培训大纲的模块名称以及确定了实施的理论学时和实践学时,见表6-2。

表 6－2 在职培训课时

模块序号	教学模块	管制基础		情报基础	
		理论学时	实践学时	理论学时	实践学时
1	航行基础与飞行组织管理	24	0	24	0
2	空中交通管理基础	48	0	0	0
3	空中交通管理概论	0	0	16	0
4	机场管制理论与模拟	24	48（3W）（12E）	0	0
5	程序管制理论与模拟	24	48（3W）（24E）	0	0
6	雷达管制理论与模拟	24	48（3W）（24E）	0	0
7	航空情报服务	32	0	32	0
8	航空情报服务实践	0	0	0	64（4W）
9	航图	32	0	32	0
10	航图实践	0	0	0	32（2W）
11	飞行程序设计	48	0	48	0
12	飞行程序设计课程设计	0	0	0	64（4W）
13	无线电陆空通话	32	32	0	0
14	空中交通安全管理	16	0	16	0
15	航空气象	64	0	64	0
16	领航学	56	0	56	0
17	空气动力学与飞行原理	48	0	48	0
18	航空器及系统与动力装置	48	0	48	0
19	航空器适航管理	0	0	16	0
20	通信导航监视的技术与设施	48	0	48	0
21	飞行性能工程	48	0	48	0
22	飞机性能飞行计划	0	0	32	0
23	空管人为因素	24	0	24	0
24	航行专业英语	56	0	56	0
25	飞行模拟实践	0	16（1W）	0	16（1W）
26	航空公司运行管理	0	0	16	0
	课时合计	696	192	624	176

续 表

模块序号	教学模块	管制基础		情报基础	
		理论学时	实践学时	理论学时	实践学时
	课时总计	888		800	

说明:1.以上理论课的学时为要求的各模块最低理论学时,实践课的学时为在实验室完成规定任务的学时。各培训机构可以根据需要以及各自教学培训的特点,增加教学模块、学时、辅助学时或课外的练习以及作业,保证充分理解并掌握课程内容,达到教学目标。2.括号内的数字与 E 表示每个受训人作为管制员参加实践课的练习个数,括号内的数字与 W 表示实践周数。

第七章　空管教育改革与发展

　　我国空管教育虽然已经具有了一定的规模与基础,但与航空发达国家空管教育相比,在体制、技术、设施、管理等方面还存在一定差距,对我国军民航空事业的持续、健康与快速发展造成了某种程度的制约。我国正进入实现中华民族伟大复兴的新时代,日益增长的航空需求与相对滞后的空管保障之间的矛盾,仍然是空管当前和今后一个较长时期面临的主要矛盾。为了适应国际国内新形势的发展,空管教育需加大改革与发展力度。

第一节　空管教育改革面临的形势

　　空管教育改革与发展必须正视国际与国内新形势,基于我国当前空管教育发展的实际情况和国外发达国家空管教育发展的基本模式及先进经验,分析空管教育所面临的国际与国内形势。

一、空管教育改革面临的国际形势

(一)空管教育培养内容的多元协调化

　　随着航空事业的飞速发展,空管人员的整体素质、职业道德和基本技能以及空管教育基本理论的匮乏等都在一定程度上制约着各国航空事业的发展,直接或间接影响到本国的国土安全和经济发展。从国际视野看,在未来一段时间内,空管教育培训内容多元协调化将成为空管教育发展的重要趋势。

1. 与空管教育理论研究之间的协调

　　从全球范围看,各国空管专业开设之初,都偏重于工程实际应用,因此长期以来相对重视教学而忽视科学理论研究,尤其是在基础理论研究方面较薄弱。由于受博士学位授予资格机构稀缺的影响,国际上取得空管教育博士学位的人员还较少,这就在一定程度上限制了空管理论的发展。当前,发达国家均已经意识到只有保障空管理论的先进性,方可指导空管教育事业和航空事业的快速发展,保障飞行活动的安全快捷。例如,法国政府严格限制具有博士学位授予资格的单位,部分专业高等学院和航空院所没有博士学位授予权,这在一定程度上成为法国航空事业发展的障碍。在社会的推动下,法国政府和相关部门开始重视这一问题,指出掌握扎实的基础理论知识和空管技术方法论与具有较熟练的实践能力两者之间缺一不可。因此,近年来,许多高等院所开始改进实验室建设以加强科研。目前,法国国家科学研究中心在综合性大学和高等专业学院里面均设有实验室,很多该研究中心的研究员同时也是这些单位的教授。

这些举措既加强了科研机构、各地航空机构与高等教育机构之间的密切联系,又促进了法国空管教育通过科研活动更好地培养各类空管人员,为空管实际运行的改进提供了重要的理论支撑和技术支撑。

2.与人文教育之间的协调

由于航空事业在国民经济和政治发展中的特殊地位,世界各地的空管人员在本国都具有独特的社会地位,因而形成了激烈的考试竞争。学员在被航空院所录取后,由于空管行业的特殊性所引发的厌学、情绪紧张等心理问题越来越严重,这使得公众、院校机构和相关决策者逐渐意识到,现代空管事业的长远发展已不是单纯的工程技术问题,它往往广泛地涉及安全、社会、经济、外交,甚至影响到人类生存。因此,当代空管教育不仅要让未来的空管人员懂得科学、技术和工程,还必须懂得有关通信、导航、监视、航空情报、气象以及经济、管理、法律、人文、社会、环境等方面的知识,以使科学永远造福于人类,保证个人全面、健康、和谐发展[3]。为此,法国教育部和文化部于 1988 年 3 月 29 日联合组成艺术教育高级委员会,以加强未来空管人员的文学艺术修养。美国也在各个高校的空管学院或专门的空管培训机构增加了通识课程的比例,以此保障空管人员的全面发展,保障空管教育的持续有效发展,以更好服务于航空事业的发展。

(二)军民航空管教育一体化趋势加强

当前,世界上不少发达国家采取了军民航分属不同体系的做法,如法国、俄罗斯等。欧美一些航空发达国家,其空管教育方式先进,空管教育资源丰富,是世界公认的航空大国。法国空管教育培训体系与我国类似,采用了高等学历教育与职业基础技能培养并行的模式。法国空管人员主要分为两类:军航空管人员和民航空管人员,赴岗位之前的空管基础教育阶段都由ENAC培养,军航和民航空管人员学习的空管基础理论是一致的。在法国,空管由民航局和空军共同负责组织与实施全国空管运行,实行军民航协调管制的模式。在瑞典,由民航局负责全国的空中导航服务,为军航和民航的飞行活动提供服务。2010 年,瑞典民航局与瑞典林雪平大学签订了培养管制员的学院计划。当前瑞典管制员的培养几乎都来自于学院计划。

实施军民航空管教育一体化有诸多好处:(1)有利于整合优化空管资源。军民航空管教育一体化可以集中空管单位的所有优势资源,统一协调,整合优化教育资源,从而培养出优质的空管人才。(2)有利于军民航和谐共处,保持国防安全和经济发展齐头并进。军民航的分离也表现在空管教育体系分属不同类别——民航空管教育由民用航空局统一负责招生安排,军航空管则由空军进行选调安排,这必然会造成军航和民航培养的空管人员在整体素质和技术技能方面存在一些差异。军民航空管教育一体化有利于统一协调整合空管人员的分配和使用,加强军民航之间的沟通协调,互相理解合作。空管人员作为航空事业发展的重要组成部分,承担着重要的使命和责任,统一的空管教育与培训能够实现空管人员的合理调度。(3)有利于提高空管人员的整体素质和技术技能本领。以我国军民航空管教育为例,军航有自己独立的空管人员培养体系和制度,空管人员以高考生和停飞生为主,而民航则按照我国普通教育体系进行正规选拔培养空管人员。如此一来,军民航的空管人员无论在知识技能还是在整体素质方面都存在一定的差别。因此,军民航空管教育一体化是解决当前空管人员素质差异的重要手段。同时,从全球范围看,这也是不可逆转的趋势。(4)有利于实现空管教育现代化。军民航空管教育一体化便于集中资源,实现信息技术的推广和设备的统一,降低教育成本。空管各单位、各专业都开发出许多工作软件,涵盖各业务部门的各专业,解决了工作中的许多问题,符合专业需要。军民航空管教育一体化有利于筹措更多的人力和财力开发购买更适合空管教育的设备资源,统一标准,实现资源共享。另外,军民航空管教育一体化能够及时应对航空发展的需求,不断开发、修改、完善课程建设和应用软件,从而促进航空事业的长足发展。综合我国当前军民航空管教育的发展情形和航空发达国家空管教育一体化先进经验,加强我国空管教育以提高人员素质,是空管发展的必然趋势。

(三)空管教育国际合作趋势明显

近年来,各国的空管教育工作从经费投入到新技术应用都有较大发展,空管学员的数量和素质也有较大提高。国际航线的增加、新飞机的引进、国际航空领域合作日益频繁,促使各国,尤其是发展中国家的空管教育工作走向标准化和国际化,这就要求空管教育,一方面要积极参与航空发达国家的各种专业技术活动,汲取航空发达国家空管教育的先进经验和优秀做法;另一方面与有关国家加强技术合作及教育合作,包括新技术的利用开发,教育方式或教育模式的引入,人员教育及培训等。通过广泛的国际合作,空管教育标准逐步与国际接轨;增强国际交流与合作,为国际航空运输提供优质的空管服务。在此过程中,航空发达国家将在空管教育国际化的过程中发挥巨大的作用。

空管教育是一种实践性强,强调实际操作的重要教育类型,但由于航空院校大多受经费、设备、实习实训场地等约束,难以为学员提供优质的实习实践环境,从而影响空管人才的质量。空管行业实施合作教育在全球范围内已经获得了一致认可,据统计,美国开办不同层次、不同类型和不同形式合作教育项目的院校已发展到1 000多所,其中包括不同高校的空管教育,参与全美高等教育合作的公私企事业单位已达50 000多家。在美国提出产学合作教育之后,英国、德国、加拿大等国也相继采用"三明治课程"等教学模式开展合作教育,已先后拓展到空管教育领域,为空管人才的培养提供了诸多的实践机会和先进经验。从全球范围看,合作教育将成为空管教育的重要模式,是空管教育的重要发展方向。

二、空管教育改革面临的国内形势

(一)空管体制改革对空管教育提出新要求

空管体制,是指空管系统的组织制度,在空管运行的各种要素中处于主导地位,决定着空管运行的性质、方向以及效率和效果。空管涉及国家领空安全、空域分类与利用、空域划设、军民航协调、流量管理等,空管任务与性质决定了需要建立和健全结构层次清晰、职责明确、密切合作的空管体制,为统一、安全、高效的空管运行提供组织保障。就民航内部而言,空管系统实行"分级管理"的空管体制,即各级空管部门分别隶属于民航局、地区管理局、分局(站)。民航局空管局对民航空管系统实行业务领导,其余工作包括人事、财务、行政管理及基本建设等均由各地区管理局、省(市、区)局以及航站负责。

空管体制是空管行业的重要组成部分,是空管事业发展的重要基础设施。改革开放以来,伴随着民航体制改革的逐步深化,空管体制改革也在稳步推进,并取得了良好的发展。20世纪90年代前后,伴随着航空公司与机场分离的改革,空管部门改革组建了地区航务管理中心,后又成立了地区空管局。民航体制改革之初,民航进行了机场与空管部门分离的改革,组建了37个空管中心(站),初步形成了集中统一的民航空管业务运行管理体系。近几年来,为了理顺民航空管系统管理体制和运行机制，相关部门组织了多次调研，并出台了相应政策措施，按照"政事分开、运行一体化"的基本思路进一步理顺空管体制。空管体制改革，是空管委认真分析当前和今后一段时期空管事业发展形势后做出的重大决策，是全面加强空管事业发展建设的重大举措。空管体制改革是适应军民航快速发展的迫切需要，是切实履行政府职能的内在要求，是建设和谐空管的重要内容，也是建设新一代航空运输系统的重要保证，因此，空管体制改革对空管教育提出了新要求。然而，这一体制在一定程度上存在着局限性，主要表现为：一是空管人员培养评估体系没有建立，二是缺乏空管人员激励机制，三是空管人员培养与装备建设发展规划存在不足。

（二）空管事业发展对空管人员的现实诉求

随着我国对外开放水平不断提高，航空业的国际联系日益紧密。近年来，我国空管相关部门与国际民航组织及航空发达国家建立了良好的合作关系，在开辟国际航路航线、划设管制责任区、开放航权、制定国际规则标准等方面的合作越来越多。随着我国在更大范围、更广领域、更高层次上参与国际经济技术合作和竞争，我国对外开放水平将进一步提高，我国与国际航空领域联系将日益紧密，空管教育必须紧跟这一趋势。改革开放 40 多年来，我国国民经济增长保持了良好的发展势头。受国民经济发展的强劲拉动，我国公共航空运输、军事航空运输和通用航空发展迅速，这些将对空域资源的开发利用、飞行流量的管理和空管保障服务质量等提出新的更高的要求。

空管教育培养的是适应社会主义现代化建设需要，特别是空管现代化建设需要，熟悉国内外空管发展动态，具有较强实践和创新能力，满足高素质、高技术、高能力、国际化、规范化要求，掌握空管岗位所需的基础理论和专业知识，德、智、体、美、劳全面发展的复合型人才。然而，在现行高等教育体制下，却难以选拔和培养出适应时代和行业发展的优秀人才。另外，空管高等教育长期存在普通教育与职业教育两种方向的困惑，长期存在重实践轻理论和重理论轻实践两种倾向[4]。同时，我国的空管人员骨干队伍主要分为军、民航两大部分，绝大多数空管人员经过了相关院校空管专业的系统培训，普遍具有本科以上学历。纵观军民航空管人员，虽然具有较高的专业技能，但知识面不广，空管专业理论深度较浅，这些都与我国空管事业迅速发展的要求存在差距，必须对空管教育做出必要的改革与调整，以适应我国新时代航空事业的发展对高素质高技能空管人才的需要。空管教育不应成为我国航空事业发展的瓶颈，必须尽快适应这种发展需求，提供更好的服务。这在一定程度上也要求空管教育做出必要的改革与调整，以应对航空事业发展对高素质高技能型人才的现实需求。

（三）空管教育专业认证成为必然趋势

专业认证始于工程教育的发展，目的在于通过对空管人员的综合能力和专业知识及技能的评估保证空管人员的质量。发达国家大都对航空行业进行了专业认证，如美国、德国等。2006 年 3 月，我国正式启动了工程教育专业认证相关工作，制定了认证试点工作需要的文件体系，包括认证的标准和程序等；建立了全国工程教育专业认证专家委员会，先后成立了机械工程与自动化、电气工程及自动化、化学工程与工艺、计算机科学与技术 4 个试点工作组并完成了 8 所学校的认证试点，从而初步确立了全国工程教育专业认证的组织体系。2007 年，试点认证的范围进一步扩大，成立了机械类、化工类 2 个专业认证分委员会，按照与国计民生、国家安全、人身安全关系密切的原则，新增了环境类、水利类、交通运输类、轻工食品类、地矿类 5

个新的试点专业工作组,并对 9 个专业、18 个试点学校开展了认证试点。

2010 年我国工程教育专业认证试点工作已经取得稳步进展,制定了我国专业认证文件体系,包括专业认证通用标准、各专业的补充标准、试点办法等。从空管行业的内在逻辑分析,空管行业隶属于大工程教育的范畴,应建立空管方面的专业认证,从而确定人才的质量标准。作为从事民航空管基础教育的主要院校,中国民航大学空管学院于 2012 年、2018 年先后两次通过了我国工程教育专业认证,空管学院以满足航空业对空管人才的迫切需求为导向、以提高空管学员的工程能力和综合素质为根本、以师资队伍建设为抓手,深入推进工程教育教学改革,积极探索符合国际化发展趋势的人才培养模式和途径。从全球的发展趋势看,建立专业认同制度是空管教育发展乃至航空事业发展的必然选择。随着国际交流的增多,专业认证必然是空管行业发展的重要趋势。

(四)空管教育注重"实用"与"创新"

我国"创新型国家""创新型社会"的建设,需要大量空管人员能够立足空管实践,致力于科技的原始创新、集成创新和引进消化吸收再创新。因此,"实用"与"创新"是当前国际空管教育改革的核心主题,也决定了其在人才培养中的目标定位必将是培养具有时代精神和综合素养的高素质技术技能型人才,以适应经济社会和航空事业的发展需要。新世纪我国空管教育和教学应具有全球视角,能够准确把握空管教育发展的趋势和前沿问题,并具有深入研究的能力和实力。在人才培养目标上,不仅要训练学员解决纯技术问题,而且要训练学员解决与工程有关的社会问题,要立足于培养能够适应全球化和本土化需要的具有国际意识、创新能力和国际竞争力的一流人才。在教育教学工作中,不能仅仅局限于传授知识和培养技能,更应注重强化人文素养和创新能力的培养,注重提高学员的综合素质,使学员通过理论学习和工程实践兼具科学实证精神和实践操作能力。

因此,我国空管教育也必将迎来一个大发展时期,需要空管人员素质更高、数量更多,对空管人员的教育培训工作会提出更高、更严格的要求。目前,我国的教育培训体系如不改革发展,将会进一步拉大与发达国家的差距。空管教育工作必须加快发展,只有尽量缩小与国际(国际民航组织要求以及发达国家空管教育发展)和国内(空管体制改革对空管教育提出新要求以及空管事业发展对空管人员的现实诉求)两方面的差距,才能更好地为航空业服务,才能不断满足我国航空事业迅速发展对高素质高技能空管人才的需求。

第二节　空管教育改革的指导思想与原则

一、指导思想

以国家空管委确立的目标为导向,以党和国家确定的教育方针政策为指引,以国家和军民航空管法律法规为依据,以理论与实践高度融合、军民航高度融合的教育为创新模式,全面优化空管教育培训体制和机制,积极营造和谐的教育培训环境,努力构建功能先进与结构完善的新型空管教育培训体系,培养适应空管行业所需要的高素质技术技能型人才。

(一)以党确立的培养社会主义事业建设者和接班人的教育方针为指向

2016 年 12 月 7 日至 8 日,习近平总书记在北京召开的全国高校思想政治工作会议上指出，我国高等教育肩负着培养德智体美劳全面发展的社会主义事业建设者和接班人的重大任务，必须坚持正确政治方向。高校立身之本在于立德树人。只有培养出一流人才的高校，才能够成为世界一流大学。办好我国高校，办出世界一流大学，必须牢牢抓住全面提高人才培养能力这个核心点，并以此带动高校其他工作。我们的高校是党领导下的高校，是中国特色社会主义的高校。办好我们的高校，必须坚持以马克思主义为指导，全面贯彻党的教育方针。

全面贯彻新时代党的教育方针和军事教育方针，推进理论创新、科技创新、文化创新，依据《教育部关于加快建设高水平本科教育，全面提高人才培养能力的意见》，大力推动教育教学改革，全面提高我国人才培养质量，努力建设具有世界先进水平、中国特色的社会主义现代高等教育体系，促进我国从教育大国走向教育强国[①]。

教育方针是国家或政党在一定历史阶段提出的有关教育工作的总方向和总指针，是教育基本政策的总概括，是确定教育事业发展方向，指导整个教育事业发展的战略原则和行动纲领。内容包括教育的性质、地位、目的和基本途径等，具有全局性、现实性与阶段性等特征。空管人员教育培训是一项涉及空管领域未来发展的重大事业，具有高度的前瞻性、探索性和研究价值，但首先必须遵循党确立的培养社会主义事业接班人的教育方针这个根本指向。

(二)以军民融合发展确立的目标为导向

军民融合发展已经上升为国家战略和全社会发展的共识。空管具有天然的军民融合属性，空管的理论、技术、设备、法规标准以及空管人员都有较强的军民融合性、通用性，军民航空管的建设发展迎来了难得的机遇，必须抓住机遇补短板、上层次。从世界范围来看，各国的航空活动都有军事飞行与民用飞行，由于民用飞行和军事飞行分别反映了国家经济建设和国防安全建设的需求，是国家建设事业全面、协调和持续发展不可分割的两个方面，军民航空管主体联合运行、军民航空管活动交织进行、军民航空管信息共享互通，同一片蓝天下的空管活动联系紧密、不可分割。军民航的融合应当首先从教育开始，从人才培养的源头开始走融合之路。立足国家空管建设和军事空管需求，着眼空管未来发展，围绕融合谋划空管教育的顶层设计，确定教育目标，设置课程体系，在融合教育中提升空管人员的战略思维层次，在融合教育中不断强化军民空管运行的教学深度和广度，提升军民融合发展战略在军民融合属性明显的空管教育领域率先落地，培养一支规模适度、结构合理、素质优良、作风过硬、技术精湛、精通军民的新型空管人才队伍，为空管现代化提供强有力的人才保证和智力支持。

(三)以国家和军民航空管法律法规为依据

根据《中华人民共和国民用航空法》规定，国家对空域实行统一管理。划分空域应当兼顾民用航空和国防安全的需要以及公众的利益，使空域得到合理、充分、有效的利用。各级空管部门应坚决贯彻执行这一法规。根据国家颁布的航空法规，对领空内的一切飞行活动实施强制性的统一监督、管理和控制，其目的是保卫国家领空安全，识别空中目标，维护飞行秩序，保证飞行安全。空管工作事关领空安全和飞行安全，责任重大。因此，空管活动应以航空法律法规和相关军事法规为依据，以规章、规范文件为准绳，以充分利用空域资源、加强各类航空活动科学管理为出发点，为空中交通的安全、有序、高效运行提供重要保障。基于此，空管教育的改革与发展也应该在这一方面有所体现。

---

① 选自《国家中长期教育改革和发展规划纲要（2010－2020年）》

我国相关航空法律法规主要有《中华人民共和国民用航空法》《中国民用航空危险品运输管理规定》《飞行模拟设备的鉴定和使用规则》《民用航空器驾驶员、飞行教员和地面教员合格审定规则》《民用航空飞行标准委任代表和委任单位代表管理规定》《民用航空器领航员、飞行机械员、飞行通信员合格审定规则》等。为适应空管视野的变化与需求，空军空管机构制定了空管系统人才培养方案等制度和法规，为长期培养基础扎实、文理兼备、精通技术、懂军事、有谋略的空管人才提供了政策支持。空管教育必须以国家和军民航空管法律法规为依据。

（四）以理论与实践高度融合的教育为创新模式

实践是理论的基础，对理论具有决定作用；理论对实践有反作用，科学的理论对实践具有积极的指导作用，错误的理论则有阻碍作用；理论和实践是相辅相成的，缺一不可的，不能任意割裂两者的辩证关系，孤立地强调一个方面。理论必须和实践相结合，一方面，实践只有在科学理论的指导下，才能达到改造客观世界的目的；另一方面，理论只有同实践相结合，才能得到检验和发展。

承担空管人员基础教育重要任务的军民航院校，采用"学历教育＋英语能力＋工程能力＋创新能力"培养模式，将理论教学与技能训练相结合，培养出基础扎实、知识面宽、作风严实、实践能力强，且具有创新精神的应用型高级工程技术和管理人才，通过理论教学、实践教学、素质拓展等环节，培养学员的知识、技能与能力。从世界空管人员培训情况看，空管专业理论教学与实际模拟训练的比例通常为1∶2。航空发达国家关于管制员初始教育与培训有一条重要建议，即课堂理论教学应与单位岗位实习培训紧密联系，穿插进行。在管制员初始教育与培训过程中，先教授学员理论知识，随后将学员送到单位进行岗位培训，如此往复穿插进行。这种做法能使学生在学习过程中，真正做到理论与实践紧密结合，学习效率很高。理论指导实践，实践又可以验证理论，两者相辅相成、缺一不可。

（五）培养高端运行工程师，打造指技管复合型管制指挥人才

结合行业发展需求，面向空管、服务空管，深化空管教育改革，通过对空管专业系列课程的学习，以及对接空管岗位的应用能力训练，掌握空管专业知识和理论，具备从事空管运行管理工作的基本素质和能力，成为熟悉国内外专业发展动态，具有航空安全意识、较强实践和创新能力、严实作风和协作精神，符合高技能、高技术、高素质、国际化、规范化的高端运行工程师和指技管复合型管制指挥人才。

（六）培养高层次空管规划设计人才

根据学员自身情况，提出不同的培养模式，进行不同类型的人才培养，创建不同的课程体系，形成不同的人才质量认可标准。以"大工程观"为培养理念，通过交通运输工程、管理科学与工程、安全科学与工程学科相关基础理论课程的学习和专业应用能力的训练，培养能够从事空中交通管理、空中交通流量管理、空域规划、空中交通安全管理等相关技术的应用型高级工程技术管理人才。

二、基本原则

空管教育的改革与发展，必须遵循的原则：在组织上，坚持"统一领导，共同筹划"原则；在管理上，坚持"需求牵引，突出重点"原则；在教学上，坚持"统分结合，循序渐进"原则；在评价上，坚持"整合资源，互利互补"原则。只有坚持这些基本原则，空管教育及其教育事业的改革与发展才能不断地深入并取得成效。

(一)在组织上,坚持"统一领导,共同筹划"原则

目前,全国实行"统一管制,分别指挥"的运行机制,即在国务院、中央军委空中交通管制委员会的领导下,由空军组织实施全国的飞行管制。在管制指挥上,航路航线内由民航实施管制指挥,航路航线外由军航实施管制指挥,基本实现了一个空域由一家管制指挥。从长远发展看,管制区的划设应打破目前以民航行政区域和部队建制关系划设管制区的做法,根据空管设施布局和实际需要划设,将民航管制区与军航管制区合一;在管制指挥上实行集中统一的指挥,任何航空器进入哪个管制区就由该管制区的负责单位指挥;在空管法规建设上,由国家制定统一的空管规则、程序和标准,军民航执行统一法规和标准。国际通行标准中建议:在管制员初始培训过程中,最理想的方式是军民航空管人员在同一所院校进行统一培训。

伴随着航空事业跨越式发展,我国空管教育也取得长足进步,空管教育体系逐步完善,空管在职教育机制基本建立,空管人员的综合素质和工作能力得到普遍提高,确保了飞行安全,提高了飞行效益。但航空事业飞速发展和军事飞行训练任务加重,空管设备国产化和更新换代步伐加快,以及军民航联合运行的推行,都对军民航空管联合教育培训提出了新的要求,这就要求在组织上应当坚持"统一领导,共同筹划"的原则。

(二)在管理上,坚持"需求牵引,突出重点"原则

在空管教育改革的进程中,必须坚持"需求牵引,突出重点"原则。空管教育是根据国家空管系统所担负的使命和任务,对将从事空管运行和运行管理受教育者进行政治理论、思想道德教育、空管专业学科教育和空管业务知识技能训练的活动。它是国家教育系统的有机组成部分,既受教育本身内在机制的目标导向制约,也受到社会转型或变迁的外在需求的影响。国家管理监督层负有制定国家空管教育培训大政方针、为教育培训系统投资以及管理监督教育培训效果的重任,其每一项重大决策,都决定着国家空管教育培训体系的健康运行和未来发展。经过多年的发展探索和艰苦钻研,空管教育培训建立了较为完善的教育培训体系,实现了人才培养与行业需求的良好对接,有效地缩短了毕业生的岗位适应周期,为空管领域输送了大量优秀人才,为我国空管事业的发展做出了应有的贡献。

以实现"国家统一管制"目标为主线,以加强空管专业人才培养的组织领导为保障,强化政府对空管教育培训的管理监控力度,加强空管专业人才培养机构和考核认证机构的建设,加大军民航各级空管部门和社会机构参与空管教育培训的力度,积极建设稳定的空管专业队伍,大力推进军民航空管教育培训合作交流,探索建立有中国特色的空管教育培训体制,为培养适应"国家统一管制"模式运行的复合型人才提供强有力的保障。

在国际民航组织看来,学历并不代表能力,而基础知识、经验和技能的综合素质和在监督下积累的实践能力才是一个人从事空管工作的根本,才是航空安全的保证。在颁发管制执照、评定管制等级时对于知识、经验和技能的具体要求,更重要的是强调了对于管制员自身综合素质的需求,而不是注重对学历的要求和建议。根据空管事业的发展,不断满足空管事业发展对高素质高技能空管人才的需求。同时,在培养的过程中,认准主流与关键,突出重点。

(三)在教学上,坚持"统分结合,循序渐进"原则

空管教育的改革是一个复杂的系统工程,因此,在教学上,必须做到整体与局部的统一,协调好二者之间的关系,逐步开展,即坚持"统分结合,循序渐进"原则。在教学过程中教师引导学员将外在的教学要求与内在的需求相结合，进而内化为学员的主观努力和主动行为，造就正确的学习态度，使学员具备良好的身体素质和心理素质，过硬的思想政治素质，严谨的科学思维和研究方法，积极的求实创新意识，全面的工程技术和现代管理素养。

目前，在空管人员队伍中，具有复合知识结构和综合能力、具有创新精神和创新能力的智囊型参谋人才或专家型技术人才不足，具备指挥联合作战和组织复杂空管保障的人才还比较少，需要建立起一整套"用制度约束人，用事业激励人，用感情凝聚人，用待遇吸引人"的制度机制，在教育培养过程中发挥制度机制的作用，促进空管人才的良性培养。为适应航空事业快速发展对空管人才的需求，国家需进一步加大对空管教育训练体系的建设，通过增加师资力量、加大基础投入、扩大招生规模、拓宽培训渠道，在现有教育形势的基础上，重点加强集中培训、联合培养、岗位培训、合作交流等方式，培养多层次、高水平空管人才，为我国空管发展与世界同步并处于领先水平打下坚实基础。空管人员教育培训机构在招收管制学生过程中要有一套严格的选拔机制，在源头上淘汰不适合从事管制工作的人，保证管制学员的生源质量，同时避免教学资源的浪费。空管教育在改革与发展过程中应当循序渐进，稳步推进，务求实效。

（四）在评价上，坚持"整合资源，互利互补"原则

空管教育培训体系是个复杂的系统，因此必须用系统论的观点去设计和构建。既要考虑宏观总体构架的完整性，又要考虑微观要素（包括课程体系、人才培养模型、人才培养层次设计等）的合理性，还必须考虑建立严格的评价体系，坚持"整合资源，互利互补"原则。

国外通常都要制定空管人员培养与评估标准、评估办法，在评估中使优秀人才脱颖而出，能公平公正选拔、调配和使用空管人员。目前，军民航空管人员教育培训体系已有了长足的发展，整合了师资力量和教学设备资源，培训规模和培训质量有了一定的提高。

航空发达国家对空管人员教育培训的投入都很大，包括具有丰富一线管制经验的教师、昂贵的教学实验器材、高保真的模拟机设备、高比例的师生比等。教育资源的高投入，必将培养出高质量的管制员。与这些国家相比，我国在空管人员教育培训投入上还需进一步加强，统筹考虑教育体制、科学技术、国家财政以及空管人才需求等因素，重视空管教育资源的投入和整合，达到互惠互利的目的。美国、法国、瑞典和德国都采取了军民航空管人员统一培训的方式。例如，瑞典民航局在向管制学员提供的8～25周过渡性培训中，按照统一的教育内容和考核标准对军民航空管人员进行教育培训。随后根据工作性质对管制学员进行分流，对于以后要到军用机场或军民合用机场工作的军航管制学生，再安排其学习8周左右的军方运行程序课程。这种军民航统一培训的做法，可以整合军民航资源，统一标准，实现空管人才军地兼通、军民共用。

在空管教育事业改革与发展的过程中，既要考虑宏观总体构架的完整性，又要考虑微观要素（包括课程体系、人才培养模型、人才培养层次设计等）的合理性，还必须考虑建立严格的评价体系，坚持"整合资源，互利互补"原则。

第三节 空管教育改革的构想

为顺应国际空管教育发展趋势，实现空管教育改革目标，以满足国际民航业竞争的需要、空管教育制度创新的需要和空管人员整体素质提升的需要，本节从统一空管教育体制、强化空管教育专业建设、改革空管教育内容、创新空管教育方式，以及完善空管教育制度与机制建设等方面进行阐述。

一、统一空管教育体系

教育体系是教育机构与教育规范的结合体、统一体,它由教育的机构体系与教育的规范体系所组成。当前空管教育体系尚不统一,军民航教育体系分属于不同的管理部门,有着不同的教育规范体系。

(一)建立全国统一的空管教育管理体制

教育管理体制是指各级教育领导的隶属关系、工作关系、工作范围、职责、权限管理方式以及实施措施。建立全国统一的空管教育体系,应结束长久以来军民航空管教育各自为政的局面,将国家空管教育纳入国民教育体系,明确空管委、教育部、空军以及民航局等部门在国家空管教育改革发展中的地位、职责、权限等,强化各个部门之间的沟通协调,培养高质量高水平的空管人员。

1.国家空管委的协调推进作用

国家空管委,其主要职责在于审定我国空管系统建设和发展方针、政策,中、长期发展规划;审定全国性的飞行管制法规;审定全国航路航线及全国空管设施建设的规划等。空管委办公室在空管教育改革发展中具有举足轻重的作用,能够有效协调军民航之间的冲突和矛盾,化解互相之间的利益纠纷,实现空管教育资源的最优化配置。另外空管委能够协调我国各军民航院校齐心协力推进统一空管教育机构的设置,统一空管教材建设、统一空管人才规范标准的制定,提高我国空管教育质量,提升我国空管人员的整体素质。因此,空管委在空管教育体制建设改革中处于核心的地位,对全国空管教育的发展有着巨大的协调推进作用。

2.教育部的统筹规划作用

教育部是中华人民共和国国务院主管教育事业和语言文字工作的国务院组成部门。教育部在高等教育发展方面的主要职责在于拟定教育体制改革的政策以及教育发展的重点、结构、速度,指导并协调实施工作;统筹管理普通高等教育、研究生教育以及高等职业教育、成人高等教育、社会力量举办的高等教育、成人高等教育自学考试和继续教育等工作;研究提出高等学校设置标准,审核高等学校的设置、更名、撤销与调整;制定学科专业目录、教学基本文件,指导高等学校教育教学改革和高等教育评估工作;统筹管理各类高等学历教育的招生考试工作;制定各类高等学校招生计划;负责各类高等学历教育的学籍管理工作;归口管理高校毕业生就业制度改革,拟定高校毕业生就业政策,组织实施高校毕业生就业分配工作。进行空管教育体制改革建设必然需要将空管教育纳入国民教育体系,由教育部进行统筹规划,实现空管教育管理的有序和高效。

3.空军及民航局的支撑作用

随着空军力量的不断发展,民航事业不断开创新局面,空管教育的改革发展成为军民航关注的焦点。一方面,军民航在空管教育与培训过程中具有组织和指导作用;另一方面,军、民航是空管教育的服务对象,是空管教育的重要受益者和承担者。军民航既是空管教育的用人单位,也是空管教育的重要监督单位和支撑单位。

空管教育的人才培养规模、人员整体素质需求等都与军民航的需求密切相关。军民航空管协调表现了空管系统的运行效率,是空中交通安全高效运行的保证,是空管系统改革发展的重要环节。

(二)建立全国统一的空管人员培养机构

建立统一的空管人员培养机构是提升我国空管人员质量的重要手段,也是实现军民航有机协调统一的有效举措。从国际发展趋势看,建立统一的空管人员培养机构能充分利用优势资源进行空管人员的选拔和培养,提高空管人员综合素质,提升航空事业发展的竞争力。

建立全国统一的空管人员培养机构应将已有培养空管人员的院校建设成具有国际先进标准的专业人才培养基地;鼓励和支持航空类和高水平院校培养空管保障专业人员,培养空管专业的高层次人员(硕士、博士研究生);选择适当院校,支持培养低空开放专业服务人员,建立国家低空开放专业人员培养基地;建立全国统一的空管人员培养机构,在民航、空军、海军、陆军分别设立分院,由空管委实施统一规划、业务指导。基于空管行业的特性和空管人员属性,空管教育机构应纳入我国国民教育体系,构建全国统一的培养体系,统一规划军民航空管人员的教育与培训,由国家空管委组织整合军民航教育和在职教育体系的现有资源,根据民航各地区空管局和空军、海军、陆军相关机构设立空管教育培训中心,创造与岗位运行一致的教育培训条件,全面提高空管人员的整体素质和行业技能。

首先,统一空管教育教材。一是国家空管委成立空管专业统编教材领导小组及其办公室,根据空管专业基础课程教学需要,研究确定统编教材课程,组织实施编写计划。空管委对空管专业统编教材的编写经费予以支持。二是对纳入编写计划的统编教材,由军民航院校有关课程骨干教师组成联合编写组。教材编写完成后,编写组即成为课程教学协作组,持续负责该课程的建设和提高工作。三是统编教材出版后,军民航院校以统编教材为主开展相关课程的教学,同时作为空管专业教学评估的核心指标之一,以利于推动空管教学质量的逐步统一。

其次,制定统一的人才规范标准。统一军民航空管人员培养的规范和标准,树立国家培养空管人才的战略思想。通过加强空管法律法规建设,以《中华人民共和国教育法》《中华人民共和国航空法(草案)》《中华人民共和国民用航空法》等为基础,建立健全有关空管人员教育培训和军民航协调等方面的法律法规。统一军民航空管人才培养的标准和规范,主要包括以下几个方面:一是制定军民航空管人员选拔、录用标准。管制员作为一个特殊群体,必须具备特殊的心理素质和生理素质。同时,管制员培养属于高投入项目,制定《国家管制员选拔录用标准》,在高校招生和空管单位招聘环节实施心理选拔制度,能够有效减少教育培训资源的浪费,提高人才培养效益,为实现人才的合理配置提供决策依据。二是建立统一管制员执照制度。条件成熟时,将军民航空管执照统一管理,建立双层次的管制员执照制度,第一层次为基础管制员执照,以程序管制为主;第二层次为专业管制员执照,以雷达管制为主。管制员执照军民航统一考试,由空管委统一发证。三是制定培养初始管制员课程教育的规范要求。制定基础管制员课程教育的统一规范,成为军民航空管初始人员必学的基础知识;制定专业管制员教育的核心课程规范,成为军民航空管专业人员需要掌握的基本要求。四是制定管制员在职培训的标准要求。根据管制员执照的要求和实际的需要,分别制定军民航空管人员在职教育标准和考评标准。五是建立统一考核认证体系。空管教育应建立统一的考核认证体系;国家空管委设立考核认证中心,负责管制员基础执照考核与空管院校的资质认证;民航地区空管局、空军、海军、陆军设立考核分中心,负责管制员岗位执照考核。

二、强化空管教育专业建设

空管教育专业建设是空管教育改革发展的核心和突破口,是为满足从事空管事业发展需要所必须接受的教育与训练需要而设置的,是空管教育特色的重要表征。基于空管的行业特点和教育属性,空管教育专业建设应在以下两个方面进行统筹。

(一)专业建设原则

在当前空管教育改革发展过程中,空管教育专业建设应确立以空管委、教育部及军民航为主的管理体制,根据各航空院校教育资源配置,进行专业建设的宏观管理与调控,规划统一的专业结构及布局。各个航空院校应根据行业需求及国际空管发展趋势,及时调整专业结构,合理进行专业布点。

在进行专业建设时,应成立具有权威性的专业建设审议委员会,其成员应包括空管委相关领导、教育部相关领导、各个航空院校代表、军航代表、民航代表等统筹协调空管教育的专业建设。空管教育专业建设审议委员会的主要功能是根据航空事业发展,尤其是空管形势的变化,进行专业的调整和增设;对各校新设专业根据空管发展和国际空管改革发展趋势进行审查、评议与检查,防止专业设置的盲目性和随意性;指导并协助各校对传统专业进行调整、优化与改造;对各校专业建设情况进行检查评估。这样有利于加强空管教育专业建设宏观调控的力度,合理规划专业布点。

空管专业建设应妥善处理专业建设中的稳定性和灵活性的关系。稳定性是专业建设的必要条件和客观需要。这是因为专业建设中的师资建设、教材建设(包括教学资源的积累)、实训(验)建设、实训基地建设,以及教学设计、教学方法的完善等,都需要有一个积累的过程;专业建设的规模、水平和质量与专业建设的稳定性是相互联系、不可分割的,没有一定的稳定性,要上规模、上水平是不可能的。但专业建设的主要目的是为空管有效开展培养人才,空管行业对各种类型、规格、质量的人才需求虽具有相对的稳定性,但变动性是绝对的。这就要求航空院校的专业建设在保证整体稳定性的前提下,还必须具有一定的灵活性,面对不断变化的情况,及时对专业进行调整、优化和改造,以便更好地适应航空事业发展对新类型、新规格人才的需要。

(二)专业建设布局

首先,专业建设要与专业方向定位相结合,以体现专业建设的自觉性。空管专业方向的定位应以本科教育为主,培养适应大飞行流量、复杂空域环境、高工作负荷下的管制人才,不断满足行业培训的需要;以研究生教育为辅,培养硕士研究生的科技水平,培养博士生的科研能力,积极探索培养航空系统的高层次人才的新路径;更加深入坚持"面向空管,立足空管,服务空管"的定位,进一步强调以国家和空管事业对人才的需求为核心,努力培养适应空管现代化建设需要,熟悉国内外发展动态,德、智、体、美全面发展,具有从事空管相关专业技术工作能力的应用人才。

其次,专业建设要与师资队伍建设相结合,以增强专业实力。按照理论型、技能型教师的总体分类,在现有教师培养体系的基础上,借鉴国内重点大学教师培养方法,建立团队培养制度、丰富教师考评制度,实现教师综合能力的全面提升。形成成熟的教学、科研教师团队,建设一支专业技能精湛、业务熟悉、英语熟练的职业能力培养的师资队伍,满足高技能空管人员的培养要求;建成一支结构合理、基础雄厚、学术水平高的教学师资队伍,满足高层次研究的空管人员的培养要求。

再次,专业建设要与实验室、实习基地建设相结合,以增强教学的创新性。建设具有国际影响的空管综合教学实验中心,满足学员工程实践能力培养,国内和国际培训,以及科学研究的需要,支撑空管特色专业建设和学科建设。军民航院校要积极落实中、高保真空管实验设备的建设,完成塔台、雷达模拟机设备的更新换代。要配备必要的设备维护管理人员,保证设备运行维护经费,完善维护、维修制度,保证空管专业实践教学顺利进行。建立与军民航一线装备相适应的空管培训设备,以军民航空管一线岗位设施设备为基础,研究制定符合军民航联合运行需求的实践教学设备配备标准。制定并实施空管教育培训机构实践教学设备升级改造计划。军民航空管教育培训机构负责组织落实设备维护管理、指导实验书补充完善等工作,保证实践教学顺利进行。

最后,空管专业设置还应根据现代经济社会的特点,通过专业的交叉与复合来设置专业。由于空管行业的工作往往是综合性的,必须用多学科的知识和多种技能才能解决,因此,空管教育在专业设置时经常要根据空管岗位要求跨学科的特点,将空管工作的外在要求和学科之间的内在联系结合起来,设置复合型专业。事实上,随着飞行流量的增大、复杂情况的增多,以及科学研究和技术综合化趋势的不断增强,技术岗位的职能内涵不断丰富,持续提升、培养复合型人才已成为世界空管教育发展的共同趋势。因此,空管专业设置应充分考虑学科交叉的优势。

三、改革空管教育内容

教育内容改革是教育改革实施的根本环节,是展示改革成效的重要指标。空管教育不仅要培养技术精湛的空管人员,更应培养身心全面发展、性格健全的社会主义事业接班人。

借鉴国外空管教育改革的先进经验和优秀模式,基于对空管人员的知识结构、能力结构及素质结构的分析分解,空管教育内容应着重从通识教育、专业基础教育及实践技能教育等方面进行空管教育内容的设置编排。

(一)确定内容设计框架

依据我国当前空管教育的发展现状,我国空管教育内容的设计框架应包括以下几个方面:一是教育机构上,依托民航高校,设立空管教育中心。二是教育方向上,空管教育的职业教育阶段,应按照军民的执照管理规则和空管岗位技能要求设置课程。除一般技能培训外,还需要强化身心素质、口头表达能力、逻辑性、统筹管理、应变能力、团队协作能力、组织协调能力的培养。在空管专业人才培养过程中探索三证型(本科学历证、学士学位证、管制员初始培训合格证)培养道路。三是教育模式上,召开供需见面会,学员、学校和用人单位三方签订培养协议,保障培养费用和质量,降低各方风险。四是教育规格上,在交通运输工程学科下设立空管领域的硕士和博士学位,由军民航院校负责实施,提高空管教育的理论水平。对于专业相符度不高的软件工程等领域不宜招收空管类专业学位研究生,以免培养方向与人才体系的混乱。五是政策支持上,要实施空管教育机构的行政许可制度。民航主管部门应尽快编制和颁布《空管人员培训机构审定规则》,开展空管教育培训机构审定工作,规范教育市场。开展产学研国家扶持计划,整合各方资源,研究和转化应用新的科技成果以期产生可观的经济效益和社会效益。

(二)加强通识教育安排

通识教育旨在培养人的自由、和谐、全面发展,以培养个体健全完满的人格。空管教育加强通识教育内容的安排,有利于空管人员身心和谐发展,以更加积极向上的态度应对工作中的种种困难。一是空管院校应制定空管专业学员通识教育大纲,明确空管专业安全责任意识、遵章守纪意识、心理承受能力和沟通协调能力等素质要求,指导开展素质教育。二是加强空管专业学员日常管理;支持空管专业实施军事化管理,完善学员管理制度,配备高素质的学员管理干部;通过日常管理教育,增强空管专业学员遵章守纪意识和团队精神。三是通过课内外多种形式,开展综合素质教育;积极组织学员第二课堂活动,聘请国内外空管专家举办讲座,开展知识竞赛、创新技能大赛、演讲辩论赛、参观实习和文体活动等。在专业课程和模拟训练教学中,充实案例分析、应急处置等内容,加强心理素质培训,特别是加强处置特情时的心理素质和综合技能训练,培养管制员处惊不乱,沉着冷静,果断决策的能力和稳定的心理素质。

(三)优化专业基础教育

通过修订空管专业主干课程教学大纲,优化空管专业基础课程授课内容和教学要求,确定符合空管教育培训相关规则要求的基础课程教学知识点,指导开展基础课程的教学。开设有关新一代空管系统等新课程,完善空管专业基础教学内容;跟踪国内外空管发展动态和趋势,持续修订培养计划和空管专业教材,对新知识、新技术、新规定和新规则的内容要及时加以补充、消化和吸收。

在教学过程中,通过实施以理解为基础、实践为核心、英语为主线、管制为背景的专业英语教育模式,提高空管学员的英语能力。一要抓好大学英语、公共英语教学工作,改进专业英语教学方式,实施小班式授课,聘请外籍教员授课,鼓励聘请外籍管制员承担部分专业英语课程教学工作。二要加强陆空英语通话训练,使学员掌握基本通话的听说技能技巧,注重英语通话听的准确度、说的标准度和流利度;建设航空英语实验室,增加收听空管实况录音环节,创造逼真的空管英语训练环境。三要为学员搭建英语语境的平台,创造更多的语言交流机会,开拓英语沟通的渠道,从而提高学员对英语学习的兴趣。

(四)强化专业实践技能

首先,按照空管相关培训规则,确定管制基础模拟机的教学知识点,指导加强实践课程的开发与建设。

其次,按照空管岗位要求,建立模拟机实践课程体系,配备数量足够的模拟机设备;大幅度增加模拟机教学学时,编写完善教材和练习;培养技能熟练的空管模拟机实践教学师资力量,加大聘请资深空管人员参与教学的力度。

最后,修订空管专业学员生产实习大纲和空管专业本科学员毕业设计大纲,建立学员实习基地,落实到空管实践岗位的实习;毕业设计注重知识的实际应用,注重与岗位实习相结合。

(五)加强英语空管专业建设

(1)开展留学生培养。按照国际民航组织"全球航空培训＋"相关要求,制定培养方案,开发国际民航组织认证的合作伙伴培训课程包,根据与行业合作伙伴之间的合作协议框架,建设适合的空管培训课程。

(2)开展国际培训。根据国际民航组织航空培训要求,开发制定出标准的培训课程,为"一带一路"沿线国家的空管人员进行技能培训方面的指导。

(3)开展航空人员英语培训及资质考核。根据《国际民航组织语言能力要求实施手册》规定的民航管制员国际航空运行工作岗位所需的正常、非正常情况下的英语听说技能要求,进行相关师资培训,建立符合国际民航组织要求的测试机构,满足国际和国内管制员、管制学员的测试需求。

(六)丰富空管专业人才培养模式

建立多层次人才培养模式,逐步开展本硕连读、硕博连读或直博等模式,增加保研名额,组建小规模的实验班,加大公共基础、学科基础,弱化专业技能,增强发展后劲,完善过程进入、退出机制,鼓励继续深造。

(1)本科实验班模式。以"大工程观"为教学理念,通过交通运输工程、管理科学与工程、安全科学与工程学科相关基础理论课程的学习和专业应用能力的训练,培养能够适应国内外发展需求,具有健全的人格和严谨的工作作风,掌握系统的管制运行控制、流量管理、空域规划、安全管理等理论基础,具有较强的工程实践能力、工程设计能力和工程创新能力,能够从事空中交通管理、空中交通流量管理、空域规划、空中交通安全管理等相关技术的应用型高级工程技术管理人才。

(2)本硕连读模式。立足空管领域,加大公共基础、学科基础教育,弱化专业技能教育,通过对空中交通信息技术与应用系统、空中交通管制运行建模与仿真、空中交通信息安全分析、航空情报管理、空域规划与管理的学习和专业能力训练,具备从事空中交通信息工程及控制学科研究工作和工程开发的理论知识结构和能力结构,能够对交通运输系统进行合理规划和综合评价,对交通运输系统运行过程科学管理,优化系统资源配置,实现民航交通运输管理现代化。

(3)硕博连读或直博模式。在空管领域掌握坚实宽广的基础理论和系统深入的专门知识,具有独立从事科学研究工作的能力,在空管技术上做出创造性成果的高级人才。

四、创新空管教育方式

(一)树立适度超前观念

当今世界航空科技发展日新月异,空管新装备、新理念、新方法不断涌现,为了跟上时代发展的步伐,适应未来空管工作的需要,必须加强对空管新设备、新理论、新方法、新理念的教育,特别要突出对无缝数据通信、全时空导航、精确定位监视、信息共享交互等新技术、新理论、新方法的教育。此类教育可采用"走出去、请进来"的方法,可以选拔有发展前途的业务骨干进院校短期培训或派出参加相关企业或科研机构举办的专题培训,参加此类培训的人员应进入后备人才库,为今后的发展储备人才。也可以采用定期请院校专家教授或科研院所的技术专家到管制一线讲课,让更多的一线管制员接受新知识新理论,为将来更好的胜任工作积攒后劲。

(二)广泛开展交流合作

合作教育模式充分利用利益相关者理论,实现资源的最优化配置和利用,其优势已获得国际上各行业的认可。大力倡导管制部门尤其是有经济实力的空管实体,支持院校建设开放型的工程研究中心或工程实验室,吸引院校教师、研究生、本科生以及一线的管制员和技术人员共同参加,并以此为平台开展跨学科的技术研究与开发,为促进空管教育成果迅速转化为民航的现实生产力及部队的战斗力创造条件。

(1)军民航空管院校应加强与一线运行部门的合作。空管教育的行业属性和教育属性决定军民航空管院校与一线运行部门进行合作培养是空管人才培养的重要模式。因此,军民航空管院校和运行部门应针对在校学员开设专门的实践课程,增加学员到一线运行部门实习、实践的机会。一线运行部门还可与院校开设联合培养计划,对于在校表现优秀的学员进行重点培养,让其享受更丰富的教学资源。另外应更好利用假期实践活动,联合组织在校学员假期到一线运行部门实习。

(2)军民航空管院校应进一步加强国际交流合作,积极开展与航空发达国家之间的交流合作。2012年12月,来自亚洲、非洲和拉丁美洲的塔吉克斯坦、智利、危地马拉、墨西哥、博茨瓦纳、乍得、埃塞俄比亚、纳米比亚等13个国家共计17名管制员在中国民航大学接受为期3周的雷达管制基础技能培训,这也是中国民航大学第三次承担此项任务,标志着中国民航大学空管培训能力已经得到国际民航组织及中国民航局的认可。但我国军民航空管教育的国际化还有很长的路要走,各军民航空管院校应定期选拔学员前往国外学习空管先进模式和经验,注重引进、运用国外先进的教学大纲、培训课程体系、教材资料和应用软件工具。聘请国外经验丰富的管制教员授课,同时积极开展空管专业对外教育培训工作,配合国家对外合作援助需要,开设国际班,帮助发展中国家学员学习管制知识,从而扩大我国空管教育培训在国际上的影响和作用。

(三)改进空管人员在职培训

空管人员在职培训,是空管人才成长的必经之路,是空管教育培训的重要环节,是空管教育培训体系的重要分支。在职培训的主要形式有资格培训、设备培训、岗前培训、熟练培训、复习培训、附加培训、追加培训、换岗培训、交叉培训、晋级培训、应急培训等。构建新型管制员在职培训体系,应从以下几方面进行改革。

1.树立系统化观念

从宏观上,要建立全国在职培训体系,提高已有培训资源的利用率,统一规划军民航空管人员的在职培训。

2.树立规范化观念

由于管制行业的特殊性,其技术性和规范性的程度较高,因此对军民航空管人员等级考试、英语等级考试的培训、考试和发证应统一标准,规范化管理。国家空管委应尽快制定"空管人员资格等级标准""空管人员英语等级考试标准"以及"空管人员在职培训标准",用以规范军民航空管人员的在职培训。

3.树立"训用一致"观念

管制员在职培训内容的选择,应注重理论和实际相结合,按照"用什么训什么、缺什么补什么"的原则,使训练内容既注重知识性,又体现实用性和可操作性,调动培训人员的学习兴趣,保证培训效果。

4.建立严格的培训、考评、监督机制

完善的考评机制是培训工作最终取得实效的关键,而基层管制部门常常仅将培训课程结束当作整个培训活动的结束,或发放一些调查问卷对培训效果进行意见征询作为效果评估,其实不妥。

对在职管制员的再培训可能需要引进新的训练设备和培训方式,如新的CBT训练软件和课程训练包。训练手段的扩展使得一些课程的内容和训练方法需要进行修订,使这些训练与传统的训练相结合。在全面掌握管制理论知识的基础上,采用模拟训练与演示的效果比单纯的课堂讲授效果更明显、更直观。学员通过模拟训练,能够更快地提高实际管制工作能力。

五、完善空管教育制度与机制建设

制度与机制建设是空管教育顺利实施的重要保障。空管教育改革根本目的是完善空管教育相关制度,完善空管教育机制构建,理顺空管教育的实施模式。

(一)建立空管教育支撑体系

师资队伍是空管教育发展的重要人力支撑,涉及空管人才培养质量的高低。其一,制定空管专业师资基本要求,将空管专业师资分为基础教学师资和实践教学师资,明确不同类型师资的录用要求、配备标准、教学要求以及考核评估等。其二,加强空管专业师资实际应用能力培养,建立实践教学师资每年到空管一线岗位学习锻炼制度,实现与生产岗位的紧密结合;组织空管专业师资分批赴国外培训或访问进修,拓宽教师国际视野。其三,建立空管实践教学师资队伍;民航院校要抓紧培养空管专业实践教学师资,尽快达到师生比要求,可从空管专业优秀本科生或硕士研究生中选留培养空管实践教学师资,并吸收富有实践经验的管制员加入;支持和推动空管岗位人员参与学校相关教学工作。其四,军民航院校要制定符合空管专业师资,特别是实践教学师资岗位实际的岗位考核评聘等相关政策。空管委应重点加大对空管专业实践教学师资的支持力度,在职称评聘、出国培训等方面予以倾斜支持。

一是智力支持。要积极培育军民航各级管制部门参与管制教育培训的积极性,鼓励并组织有代表性的管制部门的专家或领导,以顾问或荣誉教授等身份进入空管院校的领导机构或决策部门,对院校教育的专业设置、人才培养目标与模式、人才素质与能力结构、实践与实习环节、科研方向与重点,甚至师资队伍建设与学科建设等方面提供咨询与全过程指导,使军民航空管部门成为实质性影响空管教育的关键力量。国家应对参与院校教育决策与咨询的管制部门给予政策上的支持,明确双方在共建中的权利、义务和责任,形成互利共赢的运作机制。

二是实体保障。在军民航管制部门建立稳定规范的学员实习基地和培训中心,并将其纳入空管教育培训体系加以规划和建设。军航应选择飞行繁忙、飞行矛盾突出、空管设备先进的热点地区的管制中心建立学员实习基地,类似医学教育或师范教育的实习医院或学校,为在校学员的实习提供实习场所。在民航,要完善各级培训中心的建设,规范培训标准、教材建设和师资建设。

三是经费支持。经费是任何一项教育活动实施的物质前提。空中交通管制作为高投资、高风险的行业,其教育更需要有充足的经费支持,以保障日常教育活动的顺利开展与实施。首先,鼓励支持空管部门与军民航院校开展专业教学科研活动,并且对相关研究工作给予经费支持。其次,加大空管教学投入,完善项目申报方式,增大对军民航院校空管专业基础条件建设和模拟机等实验设备投入。最后,建立相关监督机制,监督军民航院校空管专业经费使用。

(二)建设军民通用人才培养机制

当前,军民航空管教育分属不同管理机构,在一定程度上造成人才培养规格的差异和资源的浪费,要实现空管教育的改革完善,需要建立军民通用人才培养机制,实现人才培养规格一体化和空管教育资源的最优化配置。

(1)建立军民航空管人员初始课程教育统一制度。空管委负责制定军民航空管人员初始课程标准与规范,建立空管院校资质认证和定期评估制度,鼓励行业外院校依法、有序开展管制员初始教育,稳步扩大空管专业人才培养规模。

(2)建立军民航空管人员定期交流培训和实习制度。加强培训工作的沟通与协调,建立定期交流培训和实习机制,有助于军民航空管人员掌握和了解对方管制指挥技能和飞行特点,培养军民互用人才,改善军民航协调工作效率。

(3)允许军航空管人员学习和申请民航空管人员执照。承认军航空管人员学习和工作经历,允许军航空管人员学习和申请民航空管人员执照,为军航空管人员退役转岗提供政策支持。

(4)建立民航吸引军航退役管制员渠道。我国军航空管人员属于现役军人编制,军航空管人员在达到服役年限后面临退出现役的问题。建立民航吸纳退役军航空管人员制度可以稳定军航空管人员队伍,缓解民航空管人才不足问题,有效解决人才教育培训资源浪费的问题。

(三)构建空管人才评估体系

优质的人才培养体系除了必要的设备和师资队伍等条件外,还需要有完善的质量监控、质量评估、信息反馈、院校与岗位联动等分体系做支撑,以保证整个体系的顺畅运行。首先,管制单位应建立培训质量监控与评估体系,对培训的过程及结果进行质量监控与评估,对各种数据进行科学的分析,形成质量分析报告;其次,信息反馈体系用于培训部门与其他相关部门,如上级主管、民航院校等的信息传递,及时反馈在培训期间发现的学员基础知识及技能方面的问题;最后,院校与岗位联动体系可以使院校在收到管制单位的信息反馈后,及时与管制单位沟通,制定双方各自的改进方案,并采取有效的措施加以实施。

目前,国内外运用的最为广泛的培训评估模式是由威斯康星大学的柯克帕特里克(D. L. Kirkatrick),教授在 1959 年提出的评估四层次模式。

1. 反应层次评估

反应层次评估指受训人对培训项目的看法,包括对材料、老师、设施、方法和内容等的看法,采用的主要方法是问卷调查。

2. 学习层次评估

学习层次的培训效果,指在课程内,学员所获得的知识、技能、态度及自身提高的情况。换言之,即所学课程是否有效,是否对学员有适当的指导,以及学员在学习过程中对所学教材内容的扩展、联想,对所练技能细节的理解、应用等方面的接受程度。学习层次评估是目前最常用的一种评估方式,它能够测评受训人对原理、事实、技术和技能的掌握程度。

3. 行为层次评估

考察学员是否能将在培训中所学到的知识、掌握的技能运用于岗位工作,改变工作行为,提高工作效率。

4. 绩效层次评估

行为层次的改变将对组织效能产生影响,或对其他人员行为产生影响。此种改变可用生产力、出勤率、流动率、成本收益关系以及组织气氛等加以衡量。绩效层次评估上升到对组织影响的高度,即组织是否因人员接受培训而提高其生产力。

(四)完善选拔淘汰机制

1.完善选拔机制

管制员作为一个特殊群体,必须具备特殊的心理和生理素质,航空业发达国家的空管人员教育培训机构在招收管制学员过程中均有一套严格的选拔机制,这样就在源头上淘汰了不适合从事管制工作的人,保证了管制学员的生源质量,同时也避免了教学资源的浪费。

我国应该积极改革管制员选拔机制,在高校招生和空管单位招聘环节实施严格的选拔程序,筛选出高质量人才,提高培养效益。

(1)制定选拔标准,指导院校空管专业学员的招生与选拔工作。制定《国家管制员选拔录用标准》,其内容应包括数字敏感度、空间想象感、团队协作意识、瞬时记忆力、身体素质、心理素质、普通话能力、英语能力和航空知识水平等方面。

(2)加大空管行业宣传力度,扩大招生渠道和规模。通过电视访谈、媒体报道、宣传漫画等多种形式对空管行业进行宣传,使社会熟悉空管的职能任务、岗位性质、人员素质要求等,吸引高素质的有志青年报考空管专业。军队可以出台相关政策鼓励民航院校大学毕业生参军入伍,献身国防。

(3)改变选拔程序,进一步完善现有选拔体系,选拔内容应包括体检、机试和面试三个模块。积极申请将空管类专业列入教育部"国控专业",力争实行特殊招生选拔方式。参照飞行员选拔程序,实现提前利用科学的选拔测评系统对管制学员进行单独招收,把好管制学员选拔的第一关,完善空管专业校内分流选拔培养学员模式;探索二次选拔模式,建立空管部门提出培养要求,院校按需培养的机制,实现按计划有序选拔培养。根据空管部门的需要加强有针对性的专业教学。

2.完善淘汰机制

在教育培训过程中,完善的淘汰机制是培养高质量管制员的重要保障。国外管制员在培训过程中保持着很高的淘汰率,如美国管制员从招聘到获得执照的比率为 100:10:6:4,即 100 人应聘,录取 10 人;学习中淘汰 4 人,剩 6 人;工作中淘汰 2 人,4 人拿到执照。我们也应借鉴国外的经验,在把好入学关的同时,在教育培训过程中引入分步淘汰机制。在教育培训过程中,对因学习成绩或身体等原因达不到标准的学员,应坚决予以淘汰,并安排其学习其他专业。空管单位应当建立员工个人技术档案,把他们接受的各种培训、见习的内容和进度、学习成绩、工作能力和表现都记录在档案中。形成优胜劣汰的竞争机制,挑选优秀的员工参加进修和学习,重点培养,同时淘汰不适合从事空管工作的管制员,安排其从事其他专业工作。

参 考 文 献

[1]　国家空管委办公室.空管行业术语[M].北京:科学出版社,2012.

[2]　刘继新.人为因素与空中交通管制员素质优化[J].南京航空航天大学学报(社会科学版),2007(2):65-68.

[3]　付令.空管职业化教育可行性研究[J].陕西国防工业职业技术学院学报,2007(1):13-15.

[4]　吴土星,黄大勇,何均洪,等.ICAO英语标准对我国民航空中交通管制人员的影响及对策[J].南京航空航天大学学报(社会科学版),2006,8(1):87-90.